U0342754

基于 Excel 的生物试验数据分析

马怀良　金志民　著

北　京
冶金工业出版社
2020

内 容 提 要

本书系统地介绍了应用 Microsoft Excel 软件进行生物试验设计和数据分析的方法和经验，内容涵盖了数据整理、描述性统计、一个样本的假设检验、两个样本的假设检验、卡方检验、多个样本的假设检验（方差分析）、回归与相关、协方差分析、随机区组设计统计分析、裂区设计统计分析、拉丁方设计与统计分析、正交设计统计分析 12 类 Excel 数据分析方法。

本书分类系统，内容全面、翔实，适用性强，可供生物学科技工作者阅读，也可供大专院校有关师生参考。

图书在版编目（CIP）数据

基于 Excel 的生物试验数据分析/马怀良，金志民著 . —
北京：冶金工业出版社，2019.1（2020.11 重印）
　ISBN 978-7-5024-7987-9

Ⅰ.①基…　Ⅱ.①马…　②金…　Ⅲ.①表处理软件—
应用—生物学—实验数据—数据处理　Ⅳ.①Q-39

中国版本图书馆 CIP 数据核字（2019）第 006664 号

出 版 人　苏长永
地　　　址　北京市东城区嵩祝院北巷 39 号　邮编　100009　电话　(010)64027926
网　　　址　www.cnmip.com.cn　电子信箱　yjcbs@cnmip.com.cn
责任编辑　杜婷婷　美术编辑　郑小利　版式设计　禹　蕊
责任校对　郑　娟　责任印制　李玉山
ISBN 978-7-5024-7987-9
冶金工业出版社出版发行；各地新华书店经销；北京中恒海德彩色印刷有限公司印刷
2019 年 1 月第 1 版，2020 年 11 月第 3 次印刷
169mm×239mm；14 印张；270 千字；213 页
65.00 元

冶金工业出版社　投稿电话　(010)64027932　投稿信箱　tougao@cnmip.com.cn
冶金工业出版社营销中心　电话　(010)64044283　传真　(010)64027893
冶金工业出版社天猫旗舰店　yjgycbs.tmall.com
　　　　　　　　（本书如有印装质量问题，本社营销中心负责退换）

前　言

　　合理的试验设计、严谨的误差控制手段、科学正确的数据统计分析方法，可提高科研成果或结论的准确性和可靠性，是生物学相关专业的教师、科研人员、学生必须掌握的一项技能。但数据统计分析公式多，运算量大、繁琐，笔算或用计算器辅助运算费时、费力，容易出错。最理想的是应用 SPSS、SAS、Minitab、DPS 等专业统计软件。但这些专业统计软件的市场普及率非常低，能熟练使用的人也不多，主要原因有：一是价格昂贵，一般单位和个人财力有限，购买的可能性低；二是对使用者自身的水平有一定的要求，如熟悉编程方法及英文专业术语；三是有的统计软件更新滞后于计算机软硬件配置和操作系统，经常无法安装。

　　Microsoft Excel 是微软公司开发的办公软件 Microsoft Office 组件之一，提供了 10 大类数百个内置函数，应用非常广泛。尽管 Excel 不是专业统计软件，其统计功能也无法与专业统计软件媲美，但在科研数据处理中具有相当大的优势：Excel 普及率很高，是人们最常用的办公软件；各高校开设 Office 相关课程或培训，师生熟悉 Excel 的操作；Excel 有多种版本，能很好地适应计算机配置和操作系统；Excel 运算的精度通常高于专业统计软件；Excel 支持编制程序，方便应用。

　　目前，市面上专门介绍生物学科研相关的 Excel 统计方法和技巧的图书较少。为此，作者将应用 Microsoft Excel 软件进行试验设计和数据分析的多年经验加以整理和完善，撰写了本书。数据整理与描述性统计、一个与两个样本的假设检验、附表、函数及用法由金志民执笔，其余由马怀良执笔并负责全书修改与定稿。

　　本书的特色为：

（1）知识结构合理。按照国内主流生物统计学教材的结构编写，方便读者应用。

（2）知识覆盖面广。在常规的生物统计的基础上，增加了数据异常值与正态性检验、符合二项分布的小样本检验（精确法）和非参数检验的 Excel 统计和分析方法。

（3）自成系统性。在编写顺序上，先简要地列出数据处理分析的原理和安排范例，然后介绍应用 Excel 最简单、快捷的统计分析方法，可配合生物统计学教材使用，也可直接使用。

（4）应用条件明晰。明确指出各种统计分析方法的应用条件，如单因素方差分析要求各组数据无异常值、服从正态分布和方差同质（等方差），以防读者误用或错用统计方法。

（5）适用性广泛。本书适用于 Microsoft Excel 2000 及之后的版本（各版本的一些函数及用法稍有不同，参见本书相关函数及用法），是从事生物学相关工作的教师、科研人员、学生的实用工具书。

本书能够顺利出版，得益于牡丹江师范学院 2018 年学术专著出版基金项目资助，在此表示衷心的感谢。

由于作者水平所限，书中不足之处，恳请同行、专家及读者批评指正。

作　者

2018 年 8 月

目　　录

1 数据整理与描述性统计

本章数字资源

1.1 数据整理

一般情况下，样本容量 $n \leqslant 30$ 时不必分组整理数据。但 $n > 30$ 时，可将数据整理成若干组，制成次数分布表或次数分布图，以便直观地反映试验数据的特征。

1.1.1 离散型变量

1.1.1.1 单项分组法

样本观测值波动范围较小时，以样本观测值为分组依据。

【例 1-1】 随机采 100 个麦穗，对每穗小穗数进行计数，结果如图 1-1 所示，请制作次数分布表。

（1）应用 COUNTIF 函数。

数据格式化如图 1-1 所示。

	A	B	C	D	E	F	G	H	I	J	K	L	M	N
1				小穗数								小穗数（x）	次数（f）	频率
2	18	15	17	19	16	15	20	18	19	17		15		
3	17	18	17	16	18	20	19	17	16	18		16		
4	17	16	19	18	18	17	17	17	18			17		
5	18	15	16	18	18	17	20	19	18			18		
6	17	16	15	17	17	16	17	18	18			19		
7	17	19	19	17	19	17	18	16	18	17		20		
8	17	19	16	16	17	17	17	16	17	16		合计		
9	18	19	18	18	19	20	15	16	19					
10	18	17	18	20	19	17	18	17	17	16				
11	15	16	18	17	18	16	17	19	19	17				

图 1-1 数据格式化

在 M2 单元格输入"=COUNTIF($A$2:$J$11,L2)"，回车；拖动 M2 单元格填充柄至 M7 单元格。

在 M8 单元格输入"=SUM(M2:M7)"，回车；拖动 M8 单元格填充柄至 N8 单元格。

在 N2 单元格输入"=M2/$M$8"，回车；拖动 N2 单元格填充柄至 N7 单元格。

结果如图 1-2 所示。

	小穗数 (x)	次 数 (f)	频 率
1			
2	15	6	0.06
3	16	15	0.15
4	17	32	0.32
5	18	25	0.25
6	19	17	0.17
7	20	5	0.05
8	合计	100	1.00

图 1-2 统计结果

（2）应用 FREQUENCY 函数。

选取 M2:M7 区域，直接输入 "="，此时等号自动出现在 M2 单元格，然后输入完整函数 "=frequency(A2:J11,L2:L7)"，如图 1-3 所示。

	小穗数 (x)	次 数 (f)	频 率
1			
2	=frequency(A2:J11,L2:L7)		
3	16		#DIV/0!
4	17		#DIV/0!
5	18		#DIV/0!
6	19		#DIV/0!
7	20		#DIV/0!
8	合计	0	#DIV/0!

图 1-3 输入完整函数

最后同时按下 "Ctrl+Shift+Enter" 三个键，完成输入，结果如图 1-4 所示。其余步骤与（1）相同。

	小穗数 (x)	次 数 (f)	频 率
1			
2	15	6	0.06
3	16	15	0.15
4	17	32	0.32
5	18	25	0.25
6	19	17	0.17
7	20	5	0.05
8	合计	100	1

图 1-4 统计结果

1.1.1.2 区间分组法

样本观测值波动范围较大，可采用一定范围的区间为一组，即区间分组法。

【例1-2】　某鸡场调查获得100只鸡年产蛋数，请制作次数分布表。
数据格式化如图1-5所示。

	A	B	C	D	E	F	G	H	I	J	K	L	M	N	O	P
1					产蛋数							产蛋数(x)			次数(f)	频率
2	200	208	210	213	216	215	213	218	219	216		200	~	209		
3	220	221	222	223	224	225	226	227	228	229		210	~	219		
4	222	223	224	225	226	230	231	232	233	234		220	~	229		
5	234	235	236	237	238	239	230	231	232	233		230	~	239		
6	230	231	232	233	234	240	241	242	243	244		240	~	249		
7	245	246	247	248	249	241	242	243	244	245		250	~	259		
8	240	241	242	243	244	245	246	247	250	251		260	~	269		
9	252	253	254	255	256	250	251	252	253	254		270	~	279		
10	255	256	257	258	259	262	263	264	265	266		280	~	289		
11	267	268	269	270	270	276	274	285	287	296		290	~	299		
12												合　计				

图1-5　数据格式化

选取O2:O11区域，直接输入"=frequency(A2:J11,N2:N11)"，然后同时按下"Ctrl+Shift+Enter"三个键，完成输入（方法见图1-3和图1-4）。

在O12单元格输入"=SUM(O2:O11)"，回车；拖动O12单元格填充柄至P12单元格。

在P2单元格中输入"=O2/$O$12"，回车；拖动P2单元格填充柄至P11单元格。

结果如图1-6所示。

	L	M	N	O	P
1	产蛋数(x)			次数(f)	频率
2	200	~	209	2	0.02
3	210	~	219	8	0.08
4	220	~	229	15	0.15
5	230	~	239	20	0.20
6	240	~	249	23	0.23
7	250	~	259	17	0.17
8	260	~	269	8	0.08
9	270	~	279	4	0.04
10	280	~	289	2	0.02
11	290	~	299	1	0.01
12	合　计			100	1.00

图1-6　统计结果

对区间分组计数来说，O2 表示小于等于 209 的个数，O3 表示大于 209 但小于等于 219 的个数，O4 表示大于 219 但小于等于 229 的个数，以此类推。

1.1.2　连续型变量

连续型变量采用组距式分组法，即通过确定组数、计算组距和每组组限及组中值进行分组。方法与 1.1.1.2 中的【例 1-2】操作步骤完全相同。

【例 1-3】　对某地 100 例 30~40 岁健康男子血清总胆固醇（mol/L）进行组距式分组，结果如图 1-7 所示，具体操作过程由读者自行完成。

	A	B	C	D	E	F	G	H	I	J	K	L	M	N	O	P
1	血清总胆固醇											组别		组中值	次数(f)	频率
2	4.77	3.37	6.14	3.95	3.56	4.23	4.71	5.69	4.12			2.5~	3.0	2.75	1	0.01
3	4.56	4.37	5.39	6.30	5.21	7.22	5.54	3.93	5.21	6.51		3.0~	3.5	3.25	8	0.08
4	5.18	5.77	4.79	5.12	5.20	5.10	4.70	4.74	3.50	4.69		3.5~	4.0	3.75	8	0.08
5	4.38	4.89	6.25	5.32	4.50	4.63	3.61	4.44	4.43	4.25		4.0~	4.5	4.25	24	0.24
6	4.03	5.85	4.09	3.35	4.08	4.79	5.30	4.97	3.18	3.97		4.5~	5.0	4.75	24	0.24
7	5.16	5.10	5.85	4.79	5.34	4.24	4.32	4.77	6.36	6.38		5.0~	5.5	5.25	17	0.17
8	4.88	5.55	3.04	4.55	3.35	4.87	4.17	5.85	5.16	5.09		5.5~	6.0	5.75	9	0.09
9	4.52	4.38	4.31	4.58	5.72	6.55	4.76	4.61	4.17	4.03		6.0~	6.5	6.25	6	0.06
10	4.47	3.40	3.91	2.70	4.60	4.09	5.96	5.48	4.40	4.55		6.5~	7.0	6.75	2	0.02
11	5.38	3.89	4.60	4.47	3.64	4.34	5.18	6.14	3.24	4.90		7.0~	7.5	7.25	1	0.01
12												合　计			100	1.00

图 1-7　血清总胆固醇数据

1.2　数据异常值检验

异常值是指在正态分布的样本中，明显偏离其余观测值的个别观测值，通常为高端值或（和）低端值。异常值的存在影响统计分析结果的可靠性、准确性和精确性。

狄克逊法适用于总体标准差未知，样本容量或重复数 n 在 3~100 样本数据。狄克逊法有单侧检验和双侧检验两种，前者只对疑似异常值的最大值或最小值进行检验，判断是否存在异常值；而后者同时对样本中的最大值与最小值进行检验结果进行比较，然后判断最大值或最小值是否为异常值。因此，双侧检验对科研数据更为合适和合理，方法为：

（1）将各数据从小到大排列，依次记为 x_1、x_2、x_3、$\cdots$、x_{n-1}、x_n。

（2）分别计算代表最大值 x_n 和最小值 x_1 的统计量 D_n 和 D_n'，见表 1-1。

表 1-1　异常值检验统计量

n	检验最大值	检验最小值
3~7	$D_n = \dfrac{x_n - x_{n-1}}{x_n - x_1}$	$D_n' = \dfrac{x_2 - x_1}{x_n - x_1}$

n	检验最大值	检验最小值
8 ~ 10	$D_n = \dfrac{x_n - x_{n-1}}{x_n - x_2}$	$D'_n = \dfrac{x_2 - x_1}{x_{n-1} - x_1}$
11 ~ 13	$D_n = \dfrac{x_n - x_{n-2}}{x_n - x_2}$	$D'_n = \dfrac{x_3 - x_1}{x_{n-1} - x_1}$
14 ~ 100	$D_n = \dfrac{x_n - x_{n-2}}{x_n - x_3}$	$D'_n = \dfrac{x_3 - x_1}{x_{n-2} - x_1}$

（3）查附表 1，临界值 $D_{0.95}$（双侧）。

（4）判断异常值，当 $D_n > D'_n$ 且 $D_n > D_{0.95}$ 时，判定最大值 x_n 为异常值；当 $D'_n > D_n$ 且 $D'_n > D_{0.95}$ 时，判定最小值 x_1 为异常值；不符合以上 2 个条件的，判定没有异常值。

（5）复检，剔除异常值，然后再重复（1）~（4）步，直到没有异常值为止。值得注意的是复检时，n 和 $D_{0.95}$ 会发生变化，D_n 和 D'_n 的计算方法也可能会变。

【例 1-4】 测定某纤维素酶的活力（IU/g），结果为 6.0、5.8、6.1、5.5、6.6、5.4、9.1、3.3、5.3、6.9，判断该组数据有无异常值.

将数据录入 A 列，临界值 $D_{0.95}$ 录入 G:H 列，并对异常值检验进行格式化，如图 1-8 所示。

	A	B	C	D	E	F	G	H
1	数据			异常值检验			n	$D_{0.95}$
2	6.0		条件	总体方差未知，$3 \leqslant n \leqslant 100$			3	0.970
3	5.8		方法	Dixon检验法(双侧)			4	0.829
4	6.1	i	高端值		低端值		5	0.710
5	5.5	1	第1大值		第1小值		6	0.628
6	6.6	2	第2大值		第2小值		7	0.569
7	5.4	3	第3大值		第3小值		8	0.608
8	9.1						9	0.564
9	3.3		n		$D_{0.95}$		10	0.530
10	5.3		D		D'		11	0.619
11	6.9		结论				12	0.583

图 1-8 数据格式化

在 D5 单元格输入 "=LARGE(A:A,B5)"，回车；拖动 D5 单元格填充柄至 D7 单元格。

在 F5 单元格输入 "=SMALL(A:A,B5)"，回车；拖动 F5 单元格填充柄至 F7 单元格。

在 D9 单元格输入 "=COUNT(A:A)"，回车。

在 F9 单元格输入 "=LOOKUP(D9,G:H)"，回车。

在 D10 单元格输入 "=IF(D9>13,(D5−D7)/(D5−F7),IF(D9>10,(D5−D7)/(D5−F6),IF(D9>7,(D5−D6)/(D5−F6),(D5−D6)/(D5−F5))))"，回车。

在 F10 单元格输入 "=IF(D9>13,(F7−F5)/(D7−F5),IF(D9>10,(F7−F5)/(D6−F5),IF(D9>7,(F6−F5)/(D6−F5),(F6−F5)/(D5−F5))))"，回车。

在 D11 单元格输入 "=IF(AND(D10>F10,D10>F9),"异常值是:"&C5&D5,IF(AND(F10>D10,F10>F9),"异常值是:"&E5&F5,"没有异常值"))"，回车。

结果如图 1−9 所示。

	A	B	C	D	E	F	G	H
1	数据		异常值检验				n	$D_{0.95}$
2	6.0		条件	总体方差未知, $3 \leqslant n \leqslant 100$			3	0.970
3	5.8		方法	Dixon检验法(双侧)			4	0.829
4	6.1	i	高端值		低端值		5	0.710
5	5.5	1	第1大值	9.1	第1小值	3.3	6	0.628
6	6.6	2	第2大值	6.9	第2小值	5.3	7	0.569
7	5.4	3	第3大值	6.6	第3小值	5.4	8	0.608
8	9.1						9	0.564
9	3.3		n	10	$D_{0.95}$	0.530	10	0.530
10	5.3		D	0.5789	D'	0.5556	11	0.619
11	6.9		结论	异常值是:第1大值9.1			12	0.583

图 1−9　统计结果

图 1−9 表明，数据 9.1 是异常值。直接在 A 列删除 9.1，结果如图 1−10 所示。

图 1−10 表明，数据 3.3 是异常值。直接在 A 列删除 3.3，结果如图 1−11 所示。

图 1−11 表明，删除异常值 9.1 和 3.3 后，剩余的 8 个数据就没有异常值，异常值检验到此结束。

本程序可自动进行异常值检验，数据无须排序；只需要按结论的提示删除 A 列中的相应数据即可；为防止临界值被误删或修改，可将 G:H 冻结或隐藏；如担心程序被误删或修改，也可冻结 B:F（G:H 隐藏的情况）或 B:H 冻结。如不想录入临界值 G:H 列，删除 F9 单元格内的公式，根据 n 查附表 1 中的 $D_{0.95}$

	A	B	C	D	E	F	G	H
1	数据		异常值检验				n	$D_{0.95}$
2	6.0		条件	总体方差未知,$3 \leqslant n \leqslant 100$			3	0.970
3	5.8		方法	Dixon检验法(双侧)			4	0.829
4	6.1	i	高端值		低端值		5	0.710
5	5.5	1	第1大值	6.9	第1小值	3.3	6	0.628
6	6.6	2	第2大值	6.6	第2小值	5.3	7	0.569
7	5.4	3	第3大值	6.1	第3小值	5.4	8	0.608
8							9	0.564
9	3.3		n	9	$D_{0.95}$	0.564	10	0.530
10	5.3		D	0.1875	D'	0.6061	11	0.619
11	6.9		结论	异常值是:第1小值3.3			12	0.583

图1-10 删除异常值"9.1"

	A	B	C	D	E	F	G	H
1	数据		异常值检验				n	$D_{0.95}$
2	6.0		条件	总体方差未知,$3 \leqslant n \leqslant 100$			3	0.970
3	5.8		方法	Dixon检验法(双侧)			4	0.829
4	6.1	i	高端值		低端值		5	0.710
5	5.5	1	第1大值	6.9	第1小值	5.3	6	0.628
6	6.6	2	第2大值	6.6	第2小值	5.4	7	0.569
7	5.4	3	第3大值	6.1	第3小值	5.5	8	0.608
8							9	0.564
9			n	8	$D_{0.95}$	0.608	10	0.530
10	5.3		D	0.2000	D'	0.0769	11	0.619
11	6.9		结论	没有异常值			12	0.583

图1-11 删除异常值"3.3"

直接输入即可。

1.3 数据正态性检验

科研数据的正态性检验常采用夏皮洛-威尔克（Shapiro-Wilk）检验法，适用于 $8 \leqslant n \leqslant 50$ 的样本，但对 $n < 8$ 且偏离正态分布的小样本效果较差，方法为：

（1）将各数据从小到大排列，依次记为 x_1、x_2、x_3、…、x_{n-1}、x_n。

（2）计算 K，当 n 为偶数时，$K=n/2$；当 n 为奇数时，$K=(n-1)/2$。

（3）查附表 2 中 $\alpha_i(i=1,2,\cdots,K)$ 的值。

（4）计算统计量 W。

$$L = \sum_{i=1}^{K} \alpha_i(x_{n+1-i} - x_i)$$

$$SS = \sum(x-\bar{x})^2 = \sum x^2 - \left(\sum x\right)^2/n$$

$$W = \frac{L^2}{SS}$$

（5）查附表 3 中的临界值 $W_{0.01}$ 或 $W_{0.05}$。

（6）作结论，$W \leqslant W_{0.05}$，该组数据在 0.05 水平上不服从正态分布；$W > W_{0.05}$，该组数据在 0.05 水平上服从或符合正态分布。读者根据实际情况选择合适的显著水平（0.05 或 0.01，一般选用 0.05）。

【例 1-5】　检验【例 1-4】中剔除异常值后的数据是否符合正态分布。

将数据录入 A 列，附表 3 中 n 在 3~50 的 $W_{0.05}$ 录入 J:K 列；附表 2 中 n 在 3~50、k 在 1~25 的 α_i 录入 M:AL 列；并对异常值检验进行格式化，如图 1-12 所示。

	A	B	C	D	E	F	G	H	I	J	K	L	M	N	O	P	Q
1	数据	i	$x_{n+1-i}-x_i$	α_i			正态性检验			n	$W_{0.05}$			k			
2	6.0	1				条件		$3 \leqslant n \leqslant 50$		3	0.767		n	1	2	3	4
3	5.8	2				方法	Shapiro-Wilk检验法			4	0.748		2	0.7071			
4	6.1	3								5	0.762		3	0.7071			
5	5.5	4				n		W		6	0.788		4	0.6872	0.1677		
6	6.6	5				k		$W_{0.05}$		7	0.803		5	0.6646	0.2413		
7	5.4	6								8	0.818		6	0.6431	0.2806	0.0875	
8	5.3	7				结论				9	0.829		7	0.6233	0.3031	0.1401	
9	6.9	8								10	0.842		8	0.6052	0.3164	0.1743	0.0561
10		9								11	0.850		9	0.5888	0.3244	0.1976	0.0947
11		10								12	0.859		10	0.5739	0.3291	0.2141	0.1224
12		11								13	0.866		11	0.5601	0.3315	0.226	0.1429
13		12								14	0.874		12	0.5475	0.3325	0.2347	0.1586
14		13								16	0.881		13	0.5359	0.3325	0.2412	0.1707
15		14								16	0.887		14	0.5251	0.3318	0.246	0.1802
16		15								17	0.892		15	0.515	0.3306	0.2495	0.1878
17		16								18	0.897		16	0.5056	0.329	0.2521	0.1939
18		17								19	0.901		17	0.4968	0.3273	0.254	0.1988
19		18								20	0.905		18	0.4886	0.3253	0.2553	0.2027
20		19								21	0.908		19	0.4808	0.3232	0.2561	0.2059
21		20								22	0.911		20	0.4734	0.3211	0.2565	0.2085
22		21								23	0.914		21	4643	0.3185	0.2578	0.2119
23		22								24	0.916		22	0.459	0.3156	0.2571	0.2131
24		23								25	0.918		23	0.4542	0.3126	0.2563	0.2139
25		24								26	0.920		24	0.4493	0.3098	0.2554	0.2145
26		25								27	0.923		25	0.445	0.3069	0.2543	0.2148

图 1-12　数据格式化

在 C2 单元格输入 "=IF(B2>\$G\$6,0,LARGE(A:A,B2)-SMALL(A:A,B2))",回车;拖动 C2 单元格填充柄至 C26 单元格。

在 D2 单元格输入 "=IF(B2>\$G\$6,0,INDEX(\$M\$2:\$AL\$51,\$G\$5,B2+1))",回车;拖动 D2 单元格填充柄至 D26 单元格。

在 G5 单元格输入 "=COUNT(A:A)",回车。

在 G6 单元格输入 "=IF(ISEVEN(G5),G5/2,(G5-1)/2)",回车。

在 I5 单元格输入 "=SUMPRODUCT(C:C,D:D)^2/DEVSQ(A:A)",回车。

在 I6 单元格输入 "=LOOKUP(G5,J:K)",回车。

在 G8 单元格输入 "=IF(I5>I6,"服从正态分布","不服从正态分布")",回车。

结果如图 1-13 所示。

	A	B	C	D	E	F	G	H	I	J	K	L	M	N	O	P	Q
1	数据	i	$x_{n+1-i}-x_i$	α_i			正态性检验			n	$W_{0.05}$			k			
2	6.0	1	1.6	0.6052	条件		3≤n≤50			3	0.767		n	1	2	3	4
3	5.8	2	1.2	0.3164	方法	Shapiro-Wilk检验法				4	0.748		2	0.7071			
4	6.1	3	0.6	0.1743						5	0.762		3	0.7071			
5	5.5	4	0.2	0.0561	n	8		W	0.9316	6	0.788		4	0.6872	0.1677		
6	6.6	5	0.0	0	k	4		$W_{0.05}$	0.818	7	0.803		5	0.6646	0.2413		
7	5.4	6	0.0	0						8	0.818		6	0.6431	0.2806	0.0875	
8	5.3	7	0.0	0	结论	服从正态分布				9	0.829		7	0.6233	0.3031	0.1401	
9	6.9	8	0.0	0						10	0.842		8	0.6052	0.3164	0.1743	0.0561
10		9	0.0	0						11	0.850		9	0.5888	0.3244	0.1976	0.0947
11		10	0.0	0						12	0.859		10	0.5739	0.3291	0.2141	0.1224
12		11	0.0	0						13	0.866		11	0.5601	0.3315	0.226	0.1429
13		12	0.0	0						14	0.874		12	0.5475	0.3325	0.2347	0.1586
14		13	0.0	0						15	0.881		13	0.5359	0.3325	0.2412	0.1707
15		14	0.0	0						16	0.887		14	0.5251	0.3318	0.246	0.1802
16		15	0.0	0						17	0.892		15	0.515	0.3306	0.2495	0.1878
17		16	0.0	0						18	0.897		16	0.5056	0.329	0.2521	0.1939
18		17	0.0	0						19	0.901		17	0.4968	0.3273	0.254	0.1988
19		18	0.0	0						20	0.905		18	0.4886	0.3253	0.2553	0.2027
20		19	0.0	0						21	0.908		19	0.4808	0.3232	0.2561	0.2059
21		20	0.0	0						22	0.911		20	0.4734	0.3211	0.2565	0.2085
22		21	0.0	0						23	0.914		21	4643	0.3185	0.2578	0.2119
23		22	0.0	0						24	0.916		22	0.459	0.3156	0.2571	0.2131
24		23	0.0	0						25	0.918		23	0.4542	0.3126	0.2563	0.2139
25		24	0.0	0						26	0.920		24	0.4493	0.3098	0.2554	0.2145
26		25	0.0	0						27	0.923		25	0.445	0.3069	0.2543	0.2148

图 1-13 统计结果

图 1-13 表明,删除异常值 9.1 和 3.3 后,剩余的 8 个数据服从正态分布。

本程序能自动进行正态性检验,数据无须排序;为防止临界值被误删或修改,可将 J:AL 冻结或隐藏。如不想录入 J:AL 列,可删除 D2:D26 和 I6 单元格内的公式,根据 n 查附表 2 和附表 3 中的 α_i 和 $W_{0.05}$ 直接输入即可。但必须使 D2:D26 无 α_i 值的单元格为零。

1.4 描述性统计

1.4.1 平均数

平均数包括算术平均数（$\bar{x}$）、中位数（M_d）、众数（M_0）和几何平均数（G）。假设样本有 n 个观测值 x_1、x_2、$\cdots$、x_n，平均数计算公式为：

$$\bar{x} = (x_1 + x_2 + \cdots + x_n)/n = \sum x/n$$

$$G = \sqrt[n]{x_1 \cdot x_2 \cdot x_3 \cdot \cdots \cdot x_n}$$

将 n 个观测值从小到大排列，当 n 为奇数时，第 $(n+1)/2$ 个观测值就是中位数；当 n 为偶数时，第 $n/2$ 与 $(n/2+1)$ 个观测值的算术平均数就是中位数。

样本中出现次数最多的那个观测值或次数最多一组的组中值，称为众数。

1.4.2 变异数

变异数有极差（R）、方差（s^2）、标准差（s）和变异系数（CV）。

$$R = 最大观测值 - 最小观测值$$

$$s^2 = \frac{\sum (x - \bar{x})^2}{n-1} = \frac{\sum x^2 - (\sum x)^2/n}{n-1}$$

$$CV = \frac{s}{\bar{x}} \times 100\%$$

标准差 s 是方差 s^2 的平方根。

【例1-6】 计算 5.3、5.4、5.4、5.8、6.0、6.1、6.6、6.9 的平均数和变异数。

（1）函数法。

数据格式化如图 1-14 所示。

	A	B	C
1	数据	描述性统计	
2	6.0	平均数	
3	5.8	中位数	
4	6.1	众数	
5	5.5	几何平均数	
6	6.6		
7	5.4	极差	
8	5.3	方差	
9	6.9	标准差	
10		变异系数	

图 1-14 数据格式化

在 C2 单元格输入 "=AVERAGE(A:A)"或"=AVERAGE(A1:A8)"（下同），回车。（注：输入 A:A 的形式，是为了以后应用方便，无需更改公式参数。）

在 C3 单元格输入 "=MEDIAN(A:A)"，回车。

在 C4 单元格输入 "=MODE. SNGL(A:A)"，回车。

在 C5 单元格输入 "=GEOMEAN(A:A)"，回车。

在 C7 单元格输入 "=MAX(A:A)-MIN(A:A)"，回车。

在 C8 单元格输入 "=VAR. S(A:A)"，回车。

在 C9 单元格输入 "=STDEV. S(A:A)"，回车。

在 C10 单元格输入 "=C9/C2"，回车。

将 C2-C10 单元格设置为小数点后 3 位，C10 设置为百分比。

结果如图 1-15 所示。

	A	B	C
1	数据	描述性统计	
2	5.3	平均数	5.938
3	5.4	中位数	5.900
4	5.4	众数	5.400
5	5.8	几何平均数	5.913
6	6.0		
7	6.1	极差	1.600
8	6.6	方差	0.343
9	6.9	标准差	0.585
10		变异系数	9.859%

图 1-15 统计结果

（2）应用分析工具库中的数据分析。

对于 Microsoft Excel 2000、2002(XP) 和 2003 版本，单击"工具（T）…"菜单，选择"加载宏（i）…"，弹出"加载宏"对话框，勾选"分析工具库"复选框，单击"确定"按钮，如图 1-16 所示。结束后，再次单击"工具（T）…"菜单，就会显示出添加的"数据分析（D）…"

对于 Microsoft Excel 2010 和 2013 版本，单击"文件"按钮，在左侧单击"选项"命令，弹出"Excel 选项"对话框，切换到"加载项"选项卡，在"管理"下拉列表中选择"Excel 加载项"选项，如图 1-17 所示。单击"转到"按钮，弹出"加载宏"对话框（与图 1-16 基本相同），勾选"分析工具库"复选框，再单击"确定"按钮。这样在"数据"功能区最右侧就会出现"数据分析"工具。

Microsoft Excel 2007，单击"Microsoft Office 按钮"，然后单击"Excel 选项"，弹出"Excel 选项"对话框，其余步骤与 2010 和 2013 版本相同。

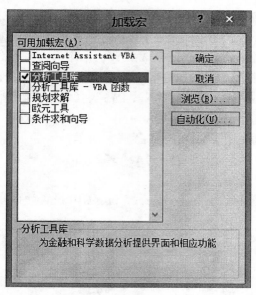

图 1-16 "加载宏"对话框

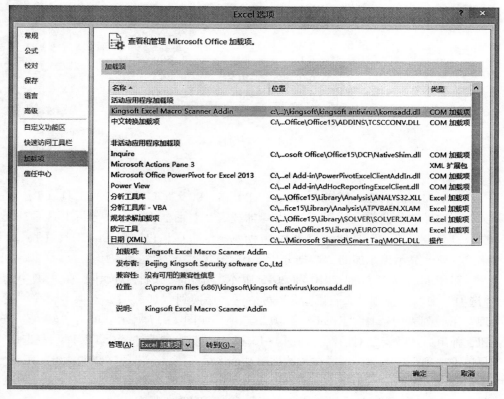

图 1-17 "Excel 选项"对话框

提示：如果"可用加载宏"框中未列出"分析工具库"，请单击"浏览"以找到它。如果系统提示计算机当前未安装分析工具库，请单击"是"并插入office 安装盘以安装它，或在网上下载一个分析工具加载项安装，再按上述方法加载即可。

单击"工具（T)…"菜单，选择"数据分析（D)…"（2003 及以前的版本）；或点击"数据"选项卡，选择最右侧的"数据分析"（2007 及以后的版本）。弹出"数据分析"对话框，选择"描述统计"，单击"确定"按钮，如图1-18 所示。

图 1-18 "数据分析"对话框

弹出"描述统计"对话框，在"输入区域"中选取 A：A，在分组方式选择"逐列"，在输出选项中选择 B1，勾选"汇总统计"，最后单击"确定"按钮，如图 1-19 所示。统计后，适当调整列宽，结果如图 1-20 所示。

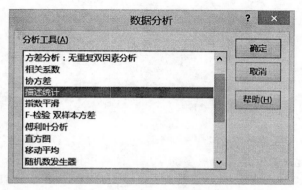

图 1-19 "描述统计"对话框

	A	B	C
1	数据	数据	
2	5.3		
3	5.4	平均	5.9375
4	5.4	标准误差	0.206966
5	5.8	中位数	5.9
6	6.0	众数	5.4
7	6.1	标准差	0.585388
8	6.6	方差	0.342679
9	6.9	峰度	−0.85902
10		偏度	0.583696
11		区域	1.6
12		最小值	5.3
13		最大值	6.9
14		求和	47.5
15		观测数	8

图 1-20　统计结果

图 1-20 中，区域就是极差，标准误差（$s_{\bar{x}}$）的计算方法是：$s_{\bar{x}} = s/\sqrt{n}$。
描述统计比函数法能提供更多的信息，读者可根据实际情况选用其中一种。

2 一个样本的假设检验

2.1 符合正态分布的一个样本假设检验

要求样本数据无异常值，符合正态分布。样本数据的异常值检验和正态性检验见 1.2 节和 1.3 节。

2.1.1 总体方差已知

当总体方差已知时，首先检验方差是否齐性，采用 χ^2 检验，见表 2-1。

表 2-1 一个样本（符合正态分布）的方差齐性检验

H_0	H_A	统计量	否定 H_0 条件
$\sigma^2 = \sigma_0^2$	$\sigma^2 \neq \sigma_0^2$	$\chi^2 = \dfrac{\sum (x_i - \bar{x})^2}{\sigma_0^2} = \dfrac{(n-1)s^2}{\sigma_0^2}$ $df = n - 1$	$\chi^2 \leqslant \chi^2_{1-\alpha/2(df)}$ 或 $\chi^2 \geqslant \chi^2_{\alpha/2(df)}$ 或 $p \leqslant \alpha/2$
$\sigma^2 \leqslant \sigma_0^2$	$\sigma^2 > \sigma_0^2$		$\chi^2 > \chi^2_{\alpha(df)}$ 或 $p \leqslant \alpha$
$\sigma^2 \geqslant \sigma_0^2$	$\sigma^2 < \sigma_0^2$		$\chi^2 < \chi^2_{1-\alpha(df)}$ 或 $p \leqslant \alpha$

注：H_0：方差齐性（相同）；H_A：方差不齐性。

总体方差不齐性，样本平均数假设检验见 2.1.2 节和 2.1.3 节。总体方差齐性，样本平均数假设检验均采用 u 检验，见表 2-2。

表 2-2 一个样本（符合正态分布）的平均数假设检验

H_0	H_A	统计量	否定 H_0 条件
$\mu = \mu_0$	$\mu \neq \mu_0$	$u = \dfrac{\bar{x} - \mu_{\bar{x}}}{\sigma_{\bar{x}}} = \dfrac{\bar{x} - \mu_0}{\sigma_0 / \sqrt{n}}$	$\vert u \vert \geqslant$ 双尾 u_α 或 $p \leqslant \alpha/2$
$\mu \leqslant \mu_0$	$\mu > \mu_0$		$\vert u \vert \geqslant$ 单尾 u_α 或 $p \leqslant \alpha$
$\mu \geqslant \mu_0$	$\mu < \mu_0$		$\vert u \vert \geqslant$ 单尾 u_α 或 $p \leqslant \alpha$

2.1.2 总体方差未知——大样本

总体方差虽然已知，但不齐性，应视为总体方差未知。总体方差未知，样本平均数的假设检验方法取决于样本容量 n 的大小。生物统计学规定 $n \geqslant 30$ 的样本为大样本，$n < 30$ 的样本为小样本。

大样本平均数假设检验均采用 u 检验，见表 2-3。

表 2-3　一个大样本（符合正态分布）的平均数假设检验

H_0	H_A	统计量	否定 H_0 条件
$\mu = \mu_0$	$\mu \neq \mu_0$		$\mid u \mid \geqslant$ 双尾 u_α 或 $p \leqslant \alpha/2$
$\mu \leqslant \mu_0$	$\mu > \mu_0$	$u = \dfrac{\bar{x} - \mu_{\bar{x}}}{s_{\bar{x}}} = \dfrac{\bar{x} - \mu_0}{s/\sqrt{n}}$	$\mid u \mid \geqslant$ 单尾 u_α 或 $p \leqslant \alpha$
$\mu \geqslant \mu_0$	$\mu < \mu_0$		$\mid u \mid \geqslant$ 单尾 u_α 或 $p \leqslant \alpha$

2.1.3　总体方差未知——小样本

小样本平均数假设检验均采用 t 检验，见表 2-4。

表 2-4　一个小样本（符合正态分布）的平均数假设检验

H_0	H_A	统计量	否定 H_0 条件
$\mu = \mu_0$	$\mu \neq \mu_0$		$\mid t \mid \geqslant$ 双尾 $t_{\alpha(df)}$ 或 $p \leqslant \alpha/2$
$\mu \leqslant \mu_0$	$\mu > \mu_0$	$t = \dfrac{\bar{x} - \mu_{\bar{x}}}{s_{\bar{x}}} = \dfrac{\bar{x} - \mu_0}{s/\sqrt{n}}$	$\mid t \mid \geqslant$ 单尾 $t_{\alpha(df)}$ 或 $p \leqslant \alpha$
$\mu \geqslant \mu_0$	$\mu < \mu_0$	$df = n - 1$	$\mid t \mid \geqslant$ 单尾 $t_{\alpha(df)}$ 或 $p \leqslant \alpha$

【例 2-1】　已知某种玉米平均穗重 $\mu_0 = 300$g，方差 $\sigma = 9.5$。喷药后随机抽取 9 个果穗，质量为 308、305、311、298、315、300、321、294、320g，分析该农药能否提高玉米果穗的质量。

经检验这 9 个数据无异常值，符合正态分布，参见 1.2 节和 1.3 节。

只有药物能提高果穗重量才符合要求，故平均数的假设检验用单尾检验。

$H_0: \mu \leqslant \mu_0$，药物不能提高果穗重量；$H_A: \mu > \mu_0$

数据格式化如图 2-1 所示。

	A	B	C	D	E	F	G	H	I
1	数据区			符合正态分布的一个样本的假设检验					
2	308			条件：数据无异常值，符合正态分布					
3	305								
4	311			μ_0	300	输入已知总体平均数			
5	298			σ	9.5	输入已知总体标准差，标准差未知时输入0			
6	315								
7	300			平均数		标准差s		样本容量n	
8	321								
9	294			1.方差假设检验	2	单尾检验请输入1，双尾检验请输入2			
10	320			χ^2		p			
11									
12				2.平均数假设检验					
13				(1)方差已知时					
14				u		单尾p			
15						双尾p			
16				(2)方差未知时					
17						单尾p			
18						双尾p			

图 2-1　数据格式化

在 E7 单元格输入"=AVERAGE(A:B)",回车。

在 G7 单元格输入"=STDEV.S(A:B)",回车。

在 I7 单元格输入"=COUNT(A:B)",回车。

在 E10 单元格输入"=IF(E5=0,"",DEVSQ(A:B)/E5^2)",回车。

在 G10 单元格输入"=IF(E5=0,"",IF(E9=1,MIN(CHISQ.DIST(E10,I7−1, TRUE),CHISQ.DIST.RT(E10,I7−1)),2*MIN(CHISQ.DIST(E10,I7−1,TRUE), CHISQ.DIST.RT(E10,I7−1))))",回车。

在 E14 单元格输入"=IF(AND(E5>0,G10>0.05),(E7−E4)/(E5/SQRT (I7)),"")",回车。

在 G14 单元格输入"=IF(E14="","",MIN(Z.TEST(A:B,E4,E5),1− Z.TEST(A:B,E4,E5)))",回车。

在 G15 单元格输入"=IF(E14="","",2*MIN(Z.TEST(A:B,E4,E5),1− Z.TEST(A:B,E4,E5)))",回车。

在 D17 单元格输入"=IF(I7<30,"t","u")",回车。

在 E17 单元格输入"=IF(E14="",(E7−E4)/(G7/SQRT(I7)),"")",回车。

在 G17 单元格输入"=IF(E17="","",IF(I7<30,T.DIST.RT(ABS(E17), I7−1),MIN(Z.TEST(A:B,E4),1−Z.TEST(A:B,E4))))",回车。

在 G18 单元格输入"=IF(E17="","",IF(I7<30,T.DIST.2T(ABS(E17), I7−1),2*MIN(Z.TEST(A:B,E4),1−Z.TEST(A:B,E4))))",回车。

结果如图 2−2 所示。

	A	B	C	D	E	F	G	H	I
1	数据区				符合正态分布的一个样本的假设检验				
2	308				条件：数据无异常值，符合正态分布				
3	305								
4	311			μ_0	300	输入已知总体平均数			
5	298			σ	9.5	输入已知总体标准差，标准差未知时输入0			
6	315								
7	300			平均数	308	标准差s	9.617692	样本容量n	9
8	321								
9	294			1.方差假设检验	2	单尾检验请入1，双尾检验请输入2			
10	320			χ^2	8.19945	p	0.828469		
11									
12				2.平均数假设检验					
13				(1)方差已知时					
14				u	2.52632	单尾p	0.005763		
15						双尾p	0.011527		
16				(2)方差未知时					
17				t		单尾p			
18						双尾p			

图 2−2 统计结果

本题方差假设检验采用双尾检验，概率 $p = 0.828469 > 0.05$，接受 H_0，即认为样本所属的总体方差 σ^2 与已知总体方差 σ_0^2 齐性（相同、相等或无区别）。因此平均数假设检验采用 u 检验法。

本题 $u = 2.52632$，其单尾概率值 $p = 0.005763 < 0.01$，差异极显著，拒绝 H_0，接受 H_A：喷药可极显著地提高穗重。如进行双尾检验，双尾概率值 $p = 0.011527 < 0.05$，差异显著，拒绝 H_0，接受 H_A：喷药可显著地提高穗重。

本程序在输入原始数据后，总体标准差（方差的平方根）已知，自动进行方差假设检验，差异不显著时视为方差已知，平均数检验用 u 检验（D14：G15）；当总体方差未知时（方差已知，但经方差假设检验，差异显著时，视为方差未知），根据样本容量 n 自动选择 t 检验或 u 检验（D17：G18）。

【例 2-2】　按饲料配方规定 VC 大于须大于 0.246g/kg 才合格。现从某工厂的产品中随机抽测 50 个饲料样品，测 VC 含量，结果如图 2-3 所示。此工厂生产的这批饲料是否合格？

	A	B	C	D	E	F	G	H	I
1	数据区				符合正态分布的一个样本的假设检验				
2	0.255	0.28			条件：数据无异常值，符合正态分布				
3	0.238	0.27							
4	0.252	0.253		μ_0	0.246	输入已知总体平均数			
5	0.245	0.246		σ	0	输入已知总体标准差，标准差未知时输入0			
6	0.235	0.237							
7	0.262	0.248		平均数	0.24944	标准差s	0.009846	样本容量n	50
8	0.255	0.262							
9	0.272	0.247		1.方差假设检验	2	单尾检验请输入1，双尾检验请输入2			
10	0.252	0.238		χ^2		p			
11	0.261	0.241							
12	0.244	0.245		2.平均数假设检验					
13	0.252	0.244		(1)方差已知时					
14	0.254	0.247		u		单尾p			
15	0.241	0.255				双尾p			
16	0.254	0.225		(2)方差未知时					
17	0.250	0.238		u	2.47047	单尾p	0.006747		
18	0.244	0.245				双尾p	0.013493		
19	0.245	0.248							
20	0.255	0.239							
21	0.256	0.248							
22	0.246	0.259							
23	0.250	0.238							
24	0.256	0.257							
25	0.243	0.246							
26	0.251	0.248							

图 2-3　录入数据

经检验这 50 个数据无异常值，符合正态分布，参见 1.2 节和 1.3 节。

因只有饲料中 VC 大于 0.246g/kg 才合格，故用单尾检验；并因 n 大于 30 为大样本，所以应用 u 检验。

$$H_0: \mu \leqslant \mu_0，此饲料不合格；H_A: \mu > \mu_0$$

将数据录入图 2-1 的 A、B 列，结果如图 2-3 所示。

本题是单尾检验，单尾概率值 $p = 0.006747 < 0.01$，差异极显著，拒绝 H_0，接受 H_A：此产品不仅合格，而且远高于饲料规定，是一种优质饲料。如进行双尾检验，双尾概率值 $p = 0.013493 < 0.05$，差异显著，拒绝 H_0，接受 H_A：此产品合格。

【例 2-3】 已知母猪的怀孕期平均为 114 天。今从某养猪场抽测 10 头母猪，其怀孕期为 116、115、113、112、114、117、115、116、114、113 天。请分析该场母猪的怀孕期是否为 114 天。

经检验这 10 个数据无异常值，符合正态分布，参见 1.2 节和 1.3 节。

因不知平均数与总体平均数孰大孰小，故用双尾检验；并因 n 小于 30 为小样本，所以应用 t 检验。

$$H_0: \mu = \mu_0，没有差异；H_A: \mu \neq \mu_0$$

将数据录入图 2-1 的 A 列，结果如图 2-4 所示。

	A	B	C	D	E	F	G	H	I
1	数据区				符合正态分布的一个样本的假设检验				
2	116				条件：数据无异常值，符合正态分布				
3	115								
4	113			μ_0	114	输入已知总体平均数			
5	112			σ	0	输入已知总体标准差，标准差未知时输入0			
6	114								
7	117			平均数	114.5	标准差s	1.581139	样本容量n	10
8	115								
9	116		1.方差假设检验		2	单尾检验请输入1，双尾检验请输入2			
10	114			χ^2		p			
11	113								
12			2.平均数假设检验						
13			(1)方差已知时						
14				u		单尾p			
15						双尾p			
16			(2)方差未知时						
17				t	1	单尾p	0.171718		
18						双尾p	0.343436		

图 2-4 录入数据

本题是双尾检验，双尾概率值 $p = 0.343436 > 0.05$，差异不显著，接受 H_0，即该场母猪怀孕期为 114 天。如进行单尾检验，单尾概率值 $p = 0.171718 > 0.05$，差异不显著，接受 H_0。

2.2　符合二项分布的一个样本假设检验

2.2.1　精确法——小样本

当 $np_0q_0 < 5(q_0 = 1-p_0)$ 时，视为小样本。频率假设检验采用精确方法，利用二项分布 $(P(x) = C_n^x p^x q^{n-x})$ 或泊松分布 $(P(x) = \lambda^x \times e^{-\lambda}/x!, \lambda = np)$ 直接计算概率，见表 2-5。

表 2-5　一个小样本（符合二项分布）的频率假设检验

H_0	H_A	统　计　量	否定 H_0 条件
$p = p_0$	$p \neq p_0$	$\hat{p} \leqslant p_0: p = 2 \times \sum_{k=0}^{x} P(k)$ $\hat{p} > p_0: p = 2 \times \sum_{k=x}^{n} P(k) = 2 \times (1 - \sum_{k=0}^{x-1} P(k))$	$p \leqslant \alpha$
$p \leqslant p_0$	$p > p_0$	$p = \sum_{k=x}^{n} P(k) = 1 - \sum_{k=0}^{x-1} P(k)$	$p \leqslant \alpha$
$p \geqslant p_0$	$p < p_0$	$p = \sum_{k=0}^{x} P(k)$	$p \leqslant \alpha$

注：样本频率 $\hat{p}$ 为：$\hat{p} = x/n$。

二项分布要求 $p \geqslant 0.1$ 且 $npq < 5$；泊松分布是一种特殊的二项分布，要求 $p < 0.1$ 且 $npq < 5$。

2.2.2　正态理论法——大样本

当 $np_0q_0 \geqslant 5(q_0 = 1-p_0)$ 时，视为大样本。二项分布近似正态分布，频率假设检验采用 u 检验，见表 2-6。也可应用 4.2 节适合性检验。

表 2-6　一个大样本（符合二项分布）的频率假设检验

H_0	H_A	统计量	否定 H_0 条件
$p = p_0$	$p \neq p_0$	$u = \dfrac{\hat{p} - p_0}{\sqrt{p_0 q_0/n}}$ $\hat{p} = x/n$	$\lvert u \rvert \geqslant$ 双尾 u_α 或 $p \leqslant \alpha/2$
$p \leqslant p_0$	$p > p_0$		$\lvert u \rvert \geqslant$ 单尾 u_α 或 $p \leqslant \alpha$
$p \geqslant p_0$	$p < p_0$		$\lvert u \rvert \geqslant$ 单尾 u_α 或 $p \leqslant \alpha$

【例 2-4】　某一核能工厂中 55~60 岁的男性中死亡 13 人，其中 5 人死于癌症。如果根据人口统计报告，死亡人中约 20% 的死亡者归因于癌症。该厂男性死

亡癌症的比例是否与职业有关?

不知 p 与 p_0 的大小关系, 用双尾检验; 因 $p_0 > 0.1$, 所以用二项分布进行检验。

H_0: $p = p_0$, 在核能工厂死亡癌症的概率与正常死于癌症的概率相同; H_A: $p \neq p_0$

数据格式化如图 2-5 所示。

	A	B	C	D	E
1		符合二项分布的一个样本频率的假设检验			
2		x	5	输入样本观察到的次数	
3		n	13	输入样本总数	
4		p_0	0.2	输入已知总体概率	
5		np_0q_0		$\hat{p}$	
6					
7					
8		1.精确法			
9		(1)二项分布	双尾p		
10			右尾p		
11			左尾p		
12		(2)泊松分布	双尾p		
13			右尾p		
14			左尾p		
15		2. 正态理论法			
16			u		
17			双尾p		
18			单尾p		

图 2-5　数据格式化

在 C5 单元格输入 "=C3 * C4 * (1−C4)", 回车。

在 D5 单元格输入 "=C2/C3", 回车。

在 B7 单元格输入 "=IF(C5<5,IF(C4<0.1,"假设检验采用精确法,(2)泊松分布","假设检验采用精确法,(1)二项分布"),"假设检验采用正态理论法")", 回车。

在 D9 单元格输入 "=IF(AND(C5<5,C4>=0.1),IF(E5>C4,2 * (1−BINOM. DIST(C2−1,C3,C4,TRUE)),2 * BINOM. DIST(C2,C3,C4,TRUE)),"")", 回车。

在 D10 单元格输入 "=IF(AND(C5<5,C4>=0.1),1−BINOM. DIST(C2−1, C3,C4,TRUE),"")", 回车。

在 D11 单元格输入 "=IF(AND(C5<5,C4>=0.1),BINOM. DIST(C2,C3,C4, TRUE),"")", 回车。

在 D12 单元格输入 "=IF(AND(C5<5,C4<0.1),IF(E5>C4,2 * (1−POIS-SON. DIST(C2−1,C3 * C4,TRUE)),2 * POISSON. DIST(C2,C3 * C4,TRUE)),"")", 回车。

在 D13 单元格输入 "=IF(AND(C5<5,C4<0.1),1-POISSON.DIST(C2-1,C3*C4,TRUE),"")",回车。

在 D14 单元格输入 "=IF(AND(C5<5,C4<0.1),POISSON.DIST(C2,C3*C4,TRUE),"")",回车。

在 D16 单元格输入 "=IF(C5<5,"",(E5-C4)/SQRT(C4*(1-C4)/C3))",回车。

在 D17 单元格输入 "=IF(D16="","",2*(1-NORM.S.DIST(ABS(D16),TRUE)))",回车。

在 D18 单元格输入 "=IF(D16="","",1-NORM.S.DIST(ABS(D16),TRUE))",回车。

结果如图 2-6 所示。

	A	B	C	D	E
1		符合二项分布的一个样本频率的假设检验			
2		x	5	输入样本观察到的次数	
3		n	13	输入样本总数	
4		p_0	0.2	输入己知总体概率	
5		np_0q_0	2.08	$\hat{p}$	0.3846154
6					
7		假设检验采用精确法,(1)二项分布			
8		1.精确法			
9		(1)二项分布	双尾p	0.1982612	
10			右尾p	0.0991306	
11			左尾p	0.9699647	
12		(2)泊松分布	双尾p		
13			右尾p		
14			左尾p		
15		2.正态理论法			
16			u		
17			双尾p		
18			单尾p		

图 2-6　统计结果

本题为双尾检验,双尾概率值 $p=0.1982612>0.05$,接受 H_0,即该厂癌症者与社会癌症者死亡率没有差异,与职业无关。如进行单尾检验,可查看右尾($H_A: p>p_0$)或左尾($H_A: p<p_0$)的概率值,并与 0.05 和 0.01 比较得出结论。

输入相关信息后,本程序可自动选择精确法或正态理论法计算概率,对精确法还可自动判断应用二项分布或泊松分布。

【例 2-5】 用某种新化学药物治疗某种寄生虫病。受试者 50 人在服药后有 1 人发生严重反应。这种严重反应在一般患此病的居民中也有发生。过去普查结果约为每 5000 人中有 1 人出现这种反应。此药是否提高了此种严重反应的发生率?

$p_0 = 1/5000 = 0.0002 < 0.1$，概率值计算采用泊松公式。

本题考察新药是否提高严重反应的发生率，用单尾检验。

$H_0: p \leqslant p_0$，新药不能提高严重反应的发生率；$H_A: p > p_0$

将相关数据录入图 2-5 的 C2:C4，结果如图 2-7 所示。

	A	B	C	D	E
1		符合二项分布的一个样本频率的假设检验			
2		x	1	输入样本观察到的次数	
3		n	50	输入样本总数	
4		p_0	0.0002	输入已知总体概率	
5		np_0q_0	0.01	$\hat{p}$	0.02
6					
7		假设检验采用精确法,(2)泊松分布			
8		1.精确法			
9		(1)二项分布	双尾p		
10			右尾p		
11			左尾p		
12		(2)泊松分布	双尾p	0.0199003	
13			右尾p	0.0099502	
14			左尾p	0.9999503	
15		2.正态理论法			
16			u		
17			双尾p		
18			单尾p		

图 2-7 录入数据

本题为单尾检验，无效假设为 $p \leqslant p_0$，其右尾概率值 $p = 0.0099502 < 0.01$，差异极显著。因此接受 H_A：新药能极显著地提高严重反应的发生率，此药应慎用。如进行双尾检验，其双尾概率值 $p = 0.0199003 < 0.05$，差异显著，同样接受 H_A。

【例 2-6】 以紫花和白花的大豆品种杂交，在 F2 代共得 289 株，其中紫花 208 株，白花 81 株。如果花色受一对等位基因控制，根据孟德尔第一遗传定律，F2 代紫花植株与白花植株的比率为 3:1，即紫花理论百分数 $p_0 = 0.75$，白花理论百分数 $q_0 = 0.25$，问该试验结果是否符合孟德尔第一遗传定律？

$H_0: p = p_0$，紫花的概率符合孟德尔第一遗传定律；$H_A: p \neq p_0$

将相关数据录入图 2-5 的 C2:C4，结果如图 2-8 所示。

本题为双尾检验，双尾概率值 $p = 0.2345726 > 0.05$，差异不显著，接受 H_0，紫花与白花植株符合孟德尔第一遗传定律。如进行单检验，单尾概率值 $p = 0.1172863 > 0.05$，差异不显著，接受 H_0。

	A	B	C	D	E
1		符合二项分布的一个样本频率的假设检验			
2		x	208	输入样本观察到的次数	
3		n	289	输入样本总数	
4		p_0	0.75	输入已知总体概率	
5		np_0q_0	54.188	$\hat{p}$	0.7197232
6					
7		假设检验采用正态理论法			
8		1.精确法			
9		(1)二项分布	双尾p		
10			右尾p		
11			左尾p		
12		(2)泊松分布	双尾p		
13			右尾p		
14			左尾p		
15		2. 正态理论法			
16			u	-1.188662	
17			双尾p	0.2345726	
18			单尾p	0.1172863	

图 2-8 录入数据

2.3 一个样本的非参数假设检验

数据符合已知的分布如正态分布、二项分布、超几何分布等，可用已知分布的理论进行假设检验，这种方法称为参数检验。参数检验功效高、条件严格、结果准确。如果数据不符合已知的分布，又不满足中心极限定理，或者不考虑被数据总体分布状况，而进行的假设检验称为非参数检验。非参数检验具有计算简便、直观、易于掌握、检验速度较快等优点，但功效不如参数检验。非参数检验法从实质上讲，只是检验总体的中位数是否相同。

应用非参数假设检验的条件：（1）已知总体平均数为中位数的；（2）样本不符合正态分布的连续型变量数据（需保留异常值）；（3）不符合二项分布的计数数据；（4）总体分布未知或不考虑总体分布情况的数据。

一个样本的非参数假设检验检验常用符号检验法，其方法为：

（1）用样本数据 x_i 与已知总体平均数（中位数）y 相减，即 $d_i = x_i - y$；统计 $d_i > 0$ 的个数，记为 C；$d_i < 0$ 的个数，记为 D；令非零的 d_i 个数为 n，$n = C + D$。

（2）令 d_i 所属总体平均数（中位数）d 与 y 的差值为 Δ，即 $\Delta = d - y$。

2.3.1 精确法——小样本

符号检验只考虑数据差值的符号，而忽视其绝对值的大小。若无效假设 H_0 成立（$\Delta = 0$），C 和 D 应服从 $p = 0.5$ 的二项分布。$4 < n < 20$ 的样本称为小样本

（$n \leqslant 4$ 时，$0.5^4 = 0.0625 > 0.05$，永远不能拒绝 H_0）。小样本用精确法检验，见表 2-7。

表 2-7 一个小样本的非参数假设检验（符号检验）

H_0	H_A	统 计 量	否定 H_0 条件
$\Delta = 0$	$\Delta \neq 0$	$C < n/2$: $\quad p = 2 \times \sum\limits_{k=0}^{c} P(k)$ $C > n/2$: $\quad p = 2 \times \sum\limits_{k=C}^{n} P(k) = 2 \times (1 - \sum\limits_{k=0}^{c-1} P(k))$ $C = n/2$: $\quad p = 1$	$p \leqslant \alpha$
$\Delta \leqslant 0$	$\Delta > 0$	$p = \sum\limits_{k=C}^{n} P(k) = 1 - \sum\limits_{k=0}^{c-1} P(k)$	$p \leqslant \alpha$
$\Delta \geqslant 0$	$\Delta < 0$	$p = \sum\limits_{k=0}^{c} P(k)$	$p \leqslant \alpha$

2.3.2 正态理论法——大样本

$n \geqslant 20$ 的样本称为大样本。二项分布近似正态分布，可采用 u 检验，见表 2-8。

表 2-8 一个大样本的非参数假设检验（符号检验）

H_0	H_A	统计量	否定 H_0 条件
$\Delta = 0$	$\Delta \neq 0$		$\mid u \mid \geqslant$ 双尾 u_α 或 $p \leqslant \alpha/2$
$\Delta \leqslant 0$	$\Delta > 0$	$u = \dfrac{\mid C - D \mid - 1}{\sqrt{n}}$	$\mid u \mid \geqslant$ 单尾 u_α 或 $p \leqslant \alpha$
$\Delta \geqslant 0$	$\Delta < 0$		$\mid u \mid \geqslant$ 单尾 u_α 或 $p \leqslant \alpha$

【例 2-7】 已知某品种成年公黄牛胸围平均数（中位数）为 140cm，今在某地随机抽取 10 头该品种成年公黄牛，测得一组胸围数字：128.1、144.4、150.3、146.2、140.6、139.7、134.1、124.3、147.9、143.0，单位为 cm。问该地成年公黄牛胸围是否高于该品种胸围平均数？

$$H_0: \Delta = 0，无显著差异；H_0: \Delta \neq 0$$

数据格式化如图 2-9 所示。

在 B2 单元格输入 " =A2-\$D\$3"，回车；并拖动 B2 单元格填充柄至 B11 单元格。

在 D5 单元格输入 " =COUNTIF(B:B,">0")"，回车。

在 F5 单元格输入 " =COUNTIF(B:B,"<0")"，回车。

	A	B	C	D	E	F
1	数据	d_i	一个样本的非参数检验($n>4$)			
2	128.1					
3	144.4		y	140	输入总体平均数(中位数)	
4	150.3					
5	146.2		C		D	
6	140.6		n			
7	139.7					
8	134.1		1.精确法			
9	124.3			双尾p		
10	147.9			右尾p		
11	143.0			左尾p		
12			2.正态理论法			
13				u		
14				双尾p		
15				单尾p		

图 2-9　数据格式化

在 D6 单元格输入 "=D5+F5"，回车。

在 E9 单元格输入 "=IF(AND(D6<20,D6>4),IF(D5=D6/2,1,IF(D5>D6/2,2*(1-BINOM. DIST(D5-1,D6,0.5,TRUE)),2*BINOM. DIST(D5,D6,0.5,TRUE))),"")"，回车。

在 E10 单元格输入 "=IF(AND(D6<20,D6>4),1-BINOM. DIST(D5-1,D6,0.5,TRUE),"")"，回车。

在 E11 单元格输入 "=IF(AND(D6<20,D6>4),BINOM. DIST(D5,D6,0.5,TRUE),"")"，回车。

在 E13 单元格输入 "=IF(D6<20,"",(ABS(D5-F5)-1)/SQRT(D6))"，回车。

在 E14 单元格输入 "=IF(E13="","",2*(1-NORM. S. DIST(ABS(E13),TRUE)))"，回车。

在 E15 单元格输入 "=IF(E14="","",E14/2)"，回车。

结果如图 2-10 所示。

本题为双尾检验，概率值 $p=0.7539063>0.05$，接受 H_0，否定 H_A，即该地成年公黄牛胸围与该品种胸围平均数没有显著差异。如进行单尾检验，可查看右尾（H_A：$\Delta>0$）或左尾（H_A：$\Delta<0$）的概率值，并与 0.05 和 0.01 比较得出结论。

输入总体平均数（中位数）后，将 B1 向下填充至与 A 列数据平齐，本程序可自动选择精确法或正态理论法计算概率。

	A	B	C	D	E	F
1	数据	d_i	一个样本的非参数检验($n>4$)			
2	128.1	-11.9				
3	144.4	4.4	y	140	输入总体平均数(中位数)	
4	150.3	10.3				
5	146.2	6.2	C	6	D	4
6	140.6	0.6	n	10		
7	139.7	-0.3				
8	134.1	-5.9	1.精确法			
9	124.3	-15.7		双尾p	0.7539063	
10	147.9	7.9		右尾p	0.3769531	
11	143.0	3		左尾p	0.828125	
12			2.正态理论法			
13				u		
14				双尾p		
15				单尾p		

图2-10　统计结果

【例2-8】　假设在【例2-7】随机抽取 22 头该品种成年公黄牛，测得数据如图 2-11 所示。问该地成年公黄牛胸围与该品种胸围平均数是否有显著差异?

$$H_0: \Delta \leqslant 0, \text{无显著差异}; \quad H_0: \Delta > 0$$

	A	B	C	D	E	F
1	数据	d_i	一个样本的非参数检验($n>4$)			
2	128.1	-11.9				
3	144.4	4.4	y	140	输入总体平均数(中位数)	
4	150.3	10.3				
5	146.2	6.2	C	17	D	5
6	140.6	0.6	n	22		
7	139.7	-0.3				
8	134.1	-5.9	1.精确法			
9	124.3	-15.7		双尾p		
10	147.9	7.9		右尾p		
11	143.0	3		左尾p		
12	156.2	16.2	2.正态理论法			
13	180.1	40.1		u	2.3452079	
14	170.1	30.1		双尾p	0.0190165	
15	148.8	8.8		单尾p	0.0095082	
16	143.5	3.5				
17	155.3	15.3				
18	144.6	4.6				
19	140.9	0.9				
20	133.8	-6.2				
21	144.1	4.1				
22	155.8	15.8				
23	157.8	17.8				

图2-11　统计结果

　　将 22 个数据录入 A 列，将 B1 向下填充至 B23，结果如图 2-11 所示。

　　本题为单尾检验，$u = 2.3452079$，其概率值 $p = 0.0095082 < 0.01$，差异极显著，接受 H_A，即该地成年公黄牛胸围极显著地高于该品种胸围平均数。如进行双尾检验，概率值 $p = 0.0190165 < 0.05$，差异显著，接受 H_A，即该地成年公黄牛胸围显著高于该品种胸围平均数。

3 两个样本的假设检验

本章数字资源

3.1 符合正态分布的两个样本假设检验

两个样本数据均应无异常值和符合正态分布，见1.2节和1.3节。

3.1.1 成组数据（总体方差已知）

如果一个样本数据与另一个样本数据之间没有任何关系，即两个样本相互独立，这样所得的两样本数据称为成组数据。当总体方差已知时，两个样本平均数假设检验采用 u 检验，见表3-1。

表3-1　两个样本（符合正态分布，总体方差已知）的平均数假设检验

H_0	H_A	统计量	否定 H_0 条件
$\mu_1 = \mu_2$	$\mu_1 \neq \mu_2$		$\|u\| \geqslant$ 双尾 u_α 或 $p \leqslant \alpha/2$
$\mu_1 \leqslant \mu_2$	$\mu_1 > \mu_2$	$u = \dfrac{(\bar{x}_1 - \bar{x}_2) - \mu_{\bar{x}_1 - \bar{x}_2}}{\sigma_{\bar{x}_1 - \bar{x}_2}} = \dfrac{(\bar{x}_1 - \bar{x}_2)}{\sqrt{\dfrac{\sigma_1^2}{n_1} + \dfrac{\sigma_2^2}{n_2}}}$	$\|u\| \geqslant$ 单尾 u_α 或 $p \leqslant \alpha$
$\mu_1 \geqslant \mu_2$	$\mu_1 < \mu_2$		$\|u\| \geqslant$ 单尾 u_α 或 $p \leqslant \alpha$

应用 Microsoft Excel "数据分析"中的"z-检验：双样本平均差检验"。"数据分析"加载方法见1.4节【例1-6】（2）。

【例3-1】 已知发酵法生产青霉素的收率符合正态分布。甲、乙工厂用发酵法生产青霉素，其产品收率的方差分别为 $\sigma_1^2 = 0.46$，$\sigma_2^2 = 0.37$。现从甲和乙工厂随机抽取样本，测得青霉素收率（见图3-2），请问甲乙两厂生产青霉素的收率是否相同？

$$H_0: \mu_1 = \mu_2，即两个产品收率相同；H_A: \mu_1 \neq \mu_2$$

经检验这甲乙两厂样本数据均无异常值，均符合正态分布，参见1.2节和1.3节。

将数据录入 A:B 列。

在 Microsoft Excel 13.0 界面，单击"数据"选项卡，点击"数据分析"，弹出"数据分析"对话框，如图3-1所示。

选择"z-检验：双样本平均差检验"，点击"确定"按钮，弹出一个"z-检验：双样本平均差检验"对话框，如图3-2所示。

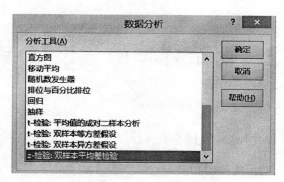

图 3-1　"数据分析"对话框

	A	B
1	甲	乙
2	3.71	3.46
3	4.01	3.23
4	3.51	3.49
5	3.53	3.35
6	3.84	3.18
7	3.31	3.82
8	3.67	3.35
9	3.76	3.68
10	3.69	3.74
11	3.78	3.26
12	3.79	3.56
13	3.67	3.45
14	3.44	3.67
15	3.82	3.34
16	3.69	3.23
17	3.75	3.46
18	4.01	3.57
19	3.78	3.37
20	3.92	3.89
21	3.67	3.25
22	3.67	3.46
23	3.67	3.58
24	3.78	3.37
25	3.74	3.34
26	3.54	3.46
27		3.38
28		3.39
29		3.48
30		3.56
31		3.43

图 3-2　青霉素收率及 "z-检验：双样本平均差检验" 对话框

　　在 "变量 1 的区域" 中选取或输入 "$A:$A"，在 "变量 2 的区域" 中选取或输入 "$B:$B"。

在"变量1的方差"中输入"0.46"，在"变量2的方差"中输入"0.37"。

勾选"标志"；在"输出选择中"点击"输出区域"，选择或输入"$C$1"，具体如图3-3所示。单击"确定"按钮后，结果如图3-4所示。

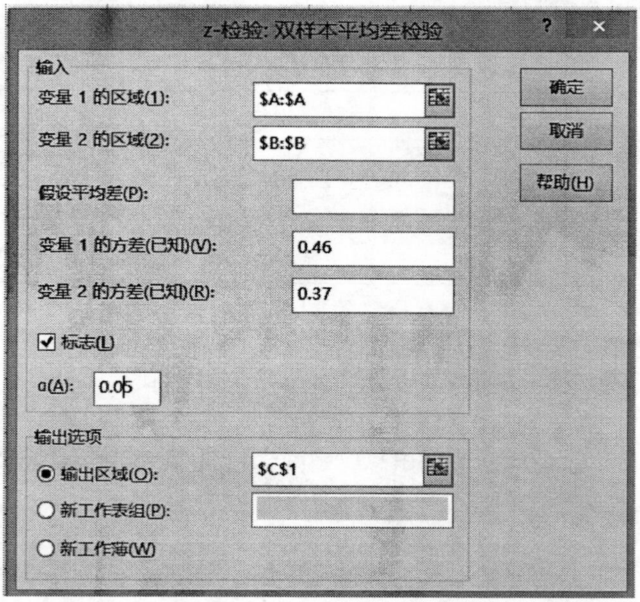

图3-3 "z-检验：双样本平均差检验"对话框

	A	B	C	D	E
1	甲	乙	z-检验：双样本均值分析		
2	3.71	3.46			
3	4.01	3.23		甲	乙
4	3.51	3.49	平均	3.71	3.46
5	3.53	3.35	己知协方差	0.46	0.37
6	3.84	3.18	观测值	25	30
7	3.31	3.82	假设平均差	0	
8	3.67	3.35	z	1.426051	
9	3.76	3.68	P(Z<=z) 单尾	0.076927	
10	3.69	3.74	z 单尾临界	1.644854	
11	3.78	3.26	P(Z<=z) 双尾	0.153854	
12	3.79	3.56	z 双尾临界	1.959964	

图3-4 统计结果

图3-4中，u（即z）= 1.426051，其单尾概率值p = 0.076927>0.05，双尾概率值p = 0.153854>0.05。因此，本题无论是进行双尾检验，还是单尾检验，都无法否定H_0。D10单元格是单尾临界值$u_{0.05}$，D12单元格是双尾临界值$u_{0.05}$。

3.1.2 成组数据（总体方差未知）——大样本

当总体方差未知时，样本容量 $n_1 \geqslant 30$、$n_2 \geqslant 30$，两个样本平均数假设检验采用 u 检验，见表 3-2。

表 3-2 两个大样本（符合正态分布，总体方差未知）的平均数假设检验

H_0	H_A	统计量	否定 H_0 条件
$\mu_1 = \mu_2$	$\mu_1 \neq \mu_2$		$\mid u \mid \geqslant$ 双尾 u_α 或 $p \leqslant \alpha/2$
$\mu_1 \leqslant \mu_2$	$\mu_1 > \mu_2$	$u = \dfrac{(\bar{x}_1 - \bar{x}_2) - \mu_{\bar{x}_1 - \bar{x}_2}}{s_{\bar{x}_1 - \bar{x}_2}} = \dfrac{(\bar{x}_1 - \bar{x}_2)}{\sqrt{\dfrac{s_1^2}{n_1} + \dfrac{s_2^2}{n_2}}}$	$\mid u \mid \geqslant$ 单尾 u_α 或 $p \leqslant \alpha$
$\mu_1 \geqslant \mu_2$	$\mu_1 < \mu_2$		$\mid u \mid \geqslant$ 单尾 u_α 或 $p \leqslant \alpha$

应用 Microsoft Excel "数据分析" 中的 "z-检验：双样本平均差检验"，用样本方差代替总体方差。"数据分析" 加载方法见 1.4 节【例1-6】(2)。

【例3-2】 从甲、乙两块稻田中随机各取 50 个样本，测定土壤的总腐殖含量（g/kg），如下。请问两块稻田总腐殖酸含量是否相同？

甲稻田	8.24	7.98	8.33	8.12	7.88	7.78	7.65	8.12	8.55	8.27
	7.74	7.96	7.85	8.28	8.33	8.56	8.34	7.35	7.56	8.46
	7.61	7.99	8.46	8.34	8.24	7.93	7.98	7.75	8.45	8.35
	8.64	8.46	7.99	7.94	8.13	8.36	8.34	7.85	7.75	7.86
	7.89	8.16	7.98	7.84	8.45	8.48	8.33	7.89	8.38	8.33
乙稻田	7.84	7.85	7.98	8.08	7.65	7.96	8.06	7.69	8.28	8.21
	7.96	7.89	8.11	8.14	7.88	8.17	7.56	7.56	7.68	7.84
	7.81	7.56	8.24	8.23	8.32	7.94	7.95	7.54	7.92	8.08
	7.91	8.12	7.99	8.14	7.94	7.84	7.94	8.03	8.55	7.81
	7.89	8.42	8.34	7.83	7.56	8.28	7.88	7.16	7.97	

因不知甲乙稻田收率的大小关系，故用双尾检验。

H_0：$\mu_1 = \mu_2$，即两个产品收率相同；H_A：$\mu_1 \neq \mu_2$

经检验甲乙两样本数据均无异常值，均符合正态分布，参见 1.2 节和 1.3 节。

将样本甲和样本乙数据分别录入在 Microsoft Excel 13.0 A 列和 B 列。

在 C2 单元格内输入 "=VAR.S(A:A)"，回车。

在 D2 单元格内输入 "=VAR.S(B:B)"，回车。

结果如图 3-5 所示。

单击 "数据" 选项卡，点击 "数据分析"，弹出 "数据分析" 对话框，选择

	A	B	C	D
1	甲稻田	乙稻田	甲样本方差	乙样本方差
2	8.24	7.16	0.09142	0.07043
3	7.98	7.54		
4	8.33	7.56		
5	8.12	7.56		
6	7.88	7.56		
7	7.78	7.56		
8	7.65	7.65		
9	8.12	7.68		

图 3-5 样本数据及方差

"z-检验：双样本平均差检验"，点击"确定"按钮，弹出一个"z-检验：双样本平均差检验"对话框（见【例3-1】）。在对话框中输入或选取相关信息，如图3-6所示。

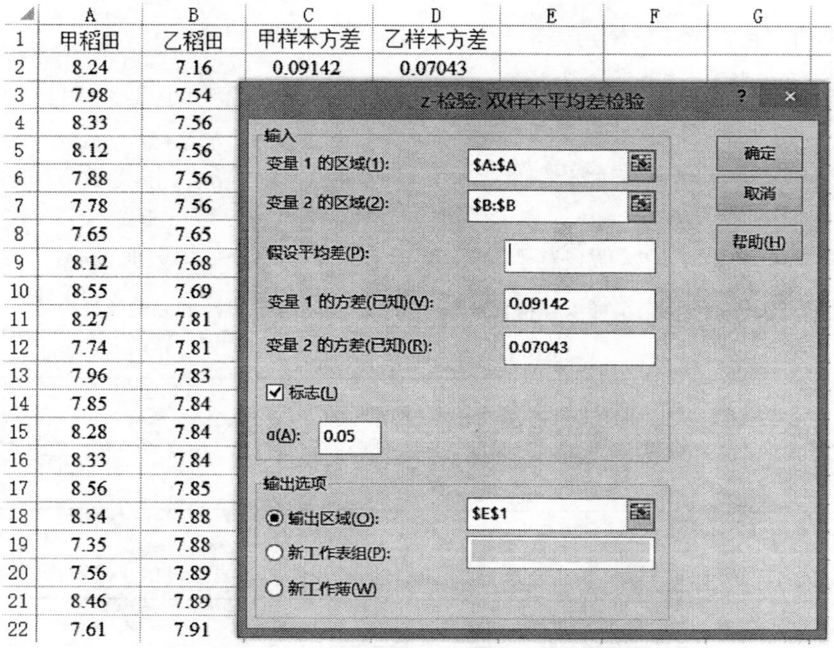

图 3-6 "z-检验：双样本平均差检验"对话框

然后点击"确定"按钮，结果如图3-7所示。

图3-7中，u(即z)=2.681962，其单尾概率值p=0.00366<0.01，双尾概率值p=0.007319<0.01。因此，本题无论是进行双尾检验，还是单尾检验，差异极显著，接受H_A，即甲稻田腐殖酸含量远高于乙稻田腐殖酸含量。F10单元格是单尾临界值$u_{0.05}$，F12单元格是双尾临界值$u_{0.05}$。

	E	F	G
1	z-检验：双样本均值分析		
2			
3		甲稻田	乙稻田
4	平均	8.11	7.956735
5	已知协方差	0.09142	0.07043
6	观测值	50	49
7	假设平均差	0	
8	z	2.681962	
9	P(Z<=z) 单尾	0.00366	
10	z 单尾临界	1.644854	
11	P(Z<=z) 双尾	0.007319	
12	z 双尾临界	1.959964	

图 3-7　统计结果

3.1.3　成组数据（总体方差未知）——小样本

当两个样本容量 $n_1 < 30$、$n_2 < 30$，或其中一个样本容量小于 30 时，均可视为小样本。

两个小样本先进行方差齐性检验，见表 3-3。检验结果接受 H_0，即等方差；接受 H_A，即为异方差。

等方差时，平均数假设检验见表 3-4；异方差时，平均数假设检验见 3-5。

表 3-3　两个小样本（符合正态分布，总体方差未知）的方差齐性检验

H_0	H_A	统计量	否定 H_0 条件
$\sigma_1^2 \leqslant \sigma_2^2$	$\sigma_1^2 > \sigma_2^2$	$F = s_1^2/s_2^2$ $df_1 = n_1 - 1$ $df_2 = n_2 - 1$	$F > F_{df_1,\ df_2,\ \alpha}$ 或 $p \leqslant \alpha$

注：F 值计算通常将数字大的方差当分子，因此只需进行右尾检验。

表 3-4　两个小样本（符合正态分布，总体方差未知，等方差）的平均数假设检验

H_0	H_A	统计量	否定 H_0 条件
$\mu_1 = \mu_2$	$\mu_1 \neq \mu_2$	$t = \dfrac{(\bar{x}_1 - \bar{x}_2) - \mu_{\bar{x}_1 - \bar{x}_2}}{s_{\bar{x}_1 - \bar{x}_2}} = \dfrac{(\bar{x}_1 - \bar{x}_2)}{\sqrt{\dfrac{s_e^2}{n_1} + \dfrac{s_e^2}{n_2}}}$	$\lvert t \rvert \geqslant$ 双尾 $t_{\alpha(df)}$ 或 $p \leqslant \alpha/2$
$\mu_1 \leqslant \mu_2$	$\mu_1 > \mu_2$	$s_e^2 = \dfrac{s_1^2(n_1 - 1) + s_2^2(n_2 - 1)}{(n_1 - 1) + (n_2 - 1)}$	$\lvert t \rvert \geqslant$ 单尾 $t_{\alpha(df)}$ 或 $p \leqslant \alpha$
$\mu_1 \geqslant \mu_2$	$\mu_1 < \mu_2$	$df = n_1 + n_2 - 2$	$\lvert t \rvert \geqslant$ 单尾 $t_{\alpha(df)}$ 或 $p \leqslant \alpha$

表 3-5 两个小样本（符合正态分布，总体方差未知，异方差）的平均数假设检验

H_0	H_A	统计量	否定 H_0 条件
$\mu_1 = \mu_2$	$\mu_1 \neq \mu_2$	$t = \dfrac{(\bar{x}_1 - \bar{x}_2) - \mu_{\bar{x}_1 - \bar{x}_2}}{s_{\bar{x}_1 - \bar{x}_2}} = \dfrac{(\bar{x}_1 - \bar{x}_2)}{\sqrt{\dfrac{s_1^2}{n_1} + \dfrac{s_2^2}{n_2}}}$	$\mid t \mid \geqslant$ 双尾 $t_{\alpha(df)}$ 或 $p \leqslant \alpha/2$
$\mu_1 \leqslant \mu_2$	$\mu_1 > \mu_2$	$R = \dfrac{s_1^2 / n_1}{s_1^2 / n_1 + s_2^2 / n_2}$	$\mid t \mid \geqslant$ 单尾 $t_{\alpha(df)}$ 或 $p \leqslant \alpha$
$\mu_1 \geqslant \mu_2$	$\mu_1 < \mu_2$	$df = \dfrac{1}{\dfrac{R^2}{n_1 - 1} + \dfrac{(1-R)^2}{n_2 - 1}}$	$\mid t \mid \geqslant$ 单尾 $t_{\alpha(df)}$ 或 $p \leqslant \alpha$

【**例 3-3**】 采用两种工艺提取茶多糖，测定粗提物中的茶多糖含量，结果如图 3-8 所示。试分析两种工艺粗提物中茶多糖含量有无差异？

二组数据经检验均无异常值，均符合正态分布，参见 1.2 节和 1.3 节。

（1）数据分析方法。

1）方差齐性检验。

$$H_0: \sigma_1^2 \leqslant \sigma_2^2, \text{等方差}; \quad H_A: \sigma_1^2 > \sigma_2^2, \text{异方差}$$

单击"数据"选项卡，点击"数据分析"，弹出"数据分析"对话框，选择"F-检验 双样本方差"，点击"确定"按钮，弹出"F-检验 双样本方差"对话框。在对话框中输入或选取相关信息，如图 3-8 所示。

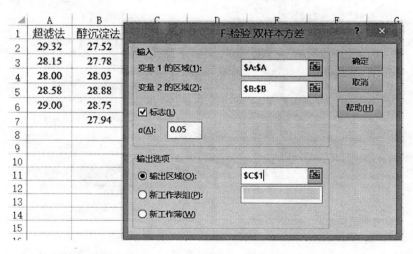

图 3-8 "F-检验：双样本方差"对话框

然后点击"确定"按钮，结果如图 3-9 所示。

	C	D	E
1	F-检验 双样本方差分析		
2			
3		超滤法	醇沉淀法
4	平均	28.61	28.15
5	方差	0.3102	0.29704
6	观测值	5	6
7	df	4	5
8	F	1.0443038	
9	P(F<=f) 单尾	0.4684265	
10	F 单尾临界	5.1921678	

图 3-9 统计结果

图 3-9 中，$F = 1.0443038$，其右尾概率值 $p = 0.4684265 > 0.05$。因此，差异不显著，接受 H_0，即甲与乙样本为等方差。D10 单元格是单尾临界值 $F_{0.05}$。$F > 1$，该程序计算右尾概率值；$F < 1$，计算左尾概率值。两者概率值是相等的。

2）平均数假设检验。

H_0：$\mu_1 = \mu_2$，即两种方法提取的茶多糖含量相同；H_A：$\mu_1 \neq \mu_2$

单击"数据"选项卡，点击"数据分析"，弹出"数据分析"对话框，选择"t-检验：双样本等方差假设"，点击"确定"按钮，弹出"t-检验：双样本等方差假设"对话框。在对话框中输入或选取相关信息，如图 3-10 所示。

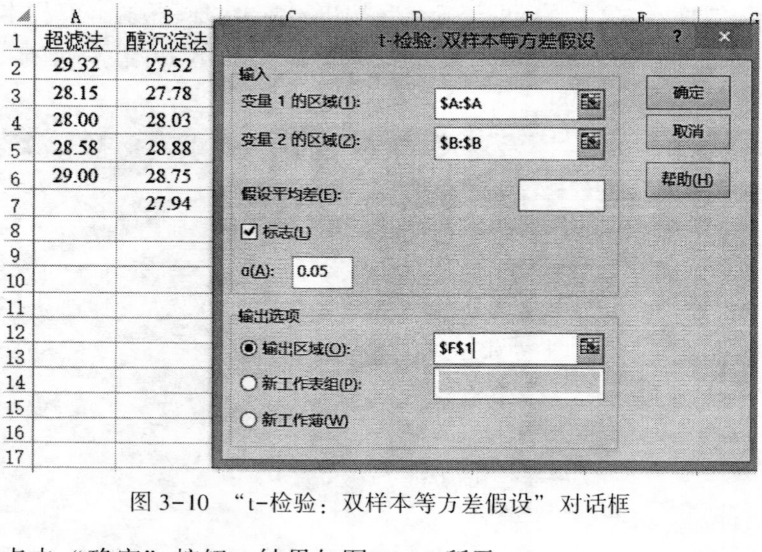

	A	B	C	D	E	F	G
1	超滤法	醇沉淀法					
2	29.32	27.52					
3	28.15	27.78					
4	28.00	28.03					
5	28.58	28.88					
6	29.00	28.75					
7		27.94					

t-检验: 双样本等方差假设

输入
变量 1 的区域(1)：$A:$A
变量 2 的区域(2)：$B:$B
假设平均差(E)：
☑ 标志(L)
α(A)：0.05

输出选项
◉ 输出区域(O)：$F$1
○ 新工作表组(P)：
○ 新工作簿(W)：

确定　取消　帮助(H)

图 3-10 "t-检验：双样本等方差假设"对话框

然后点击"确定"按钮，结果如图 3-11 所示。

图 3-11 中，$t = 1.380322$，其单尾概率值 $p = 0.100401 > 0.05$，双尾概率值 $p = 0.200803 > 0.05$。因此，本题无论是进行双尾检验，还是单尾检验，都无法否定 H_0，即两种方法提取的茶多糖含量相同。G12 单元格是单尾临界值 $t_{0.05}$，G14 单

	F	G	H
1	t-检验：双样本等方差假设		
2			
3		超滤法	醇沉淀法
4	平均	28.61	28.15
5	方差	0.3102	0.29704
6	观测值	5	6
7	合并方差	0.302889	
8	假设平均差	0	
9	df	9	
10	t Stat	1.380322	
11	P(T<=t) 单尾	0.100401	
12	t 单尾临界	1.833113	
13	P(T<=t) 双尾	0.200803	
14	t 双尾临界	2.262157	

图 3-11　统计结果

元格是双尾临界值 $t_{0.05}$。

（2）函数法。

将超滤法和醇沉淀法数据分别录入 A、B 列，数据格式化如图 3-12 所示。

	A	B	C	D	E	F	G
1	样本1	样本2	小样本(总体方差未知,成组数据)平均数假设检验				
2	29.32	27.52	样本1	平均数1		n_1	
3	28.15	27.78	样本2	平均数2		n_2	
4	28.00	28.03					
5	28.58	28.88	方差齐性检验				
6	29.00	28.75		p			
7		27.94	等方差平均数假设检验				
8				单尾p			
9				双尾p			
10			异方差平均数假设检验				
11				单尾p			
12				双尾p			

图 3-12　录入数据

在 E2 单元格内输入 "=AVERAGE(A:A)"，回车。

在 E3 单元格内输入 "=AVERAGE(B:B)"，回车。

在 G2 单元格内输入 "=COUNT(A:A)"，回车。

在 G3 单元格内输入 "=COUNT(B:B)"，回车。

在 E6 单元格内输入 "=F.TEST(A:A,B:B)/2"，回车。

在 E8 单元格内输入 "=IF(E6>0.05,T.TEST(A:A,B:B,1,2),"")"，回车。

在 E9 单元格内输入 "＝IF(E6>0.05,E8*2,"")"，回车。

在 E11 单元格内输入 "＝IF(E6>0.05,"",T.TEST(A:A,B:B,1,3))"，回车。

在 E12 单元格内输入 "＝IF(E6>0.05,"",E11*2)"，回车。

结果如图 3-13 所示。

	A	B	C	D	E	F	G
1	样本1	样本2	小样本(总体方差未知,成组数据)平均数假设检验				
2	29.32	27.52	样本1	平均数1	28.61	n_1	5
3	28.15	27.78	样本2	平均数2	28.15	n_2	6
4	28.00	28.03					
5	28.58	28.88	方差齐性检验				
6	29.00	28.75		p	0.468426		
7		27.94	等方差平均数假设检验				
8				单尾p	0.100401		
9				双尾p	0.200803		
10			异方差平均数假设检验				
11				单尾p			
12				双尾p			

图 3-13　统计结果

该程序可根据方差齐性检验的概率值，自动选择等方差或异方差平均数假设检验。对于本题，等方差平均数假设检验结果与数据分析方法是一致的，即双尾和单尾检验的概率 p 均大于 0.05，接受 H_0。

【例 3-4】　黑木耳菌丝培养常采用 PDA 培养基。为提高黑木耳菌丝生长速率，采用改良 PDA 培养基，以 PDA 培养基为对照，测定菌丝生长速率（mm/d），结果如图 3-14 所示。请问改良 PDA 培养基能否提高黑木耳菌丝生长速率？

改良 PDA 和 PDA 数据经检验均无异常值，均符合正态分布，参见 1.2 节和 1.3 节。

（1）数据分析方法。

1）方差齐性检验

$$H_0: \sigma_1^2 \leq \sigma_2^2，等方差；H_A: \sigma_1^2 > \sigma_2^2，异方差$$

单击"数据"选项卡，点击"数据分析"，弹出"数据分析"对话框，选择"F-检验　双样本方差"，点击"确定"按钮，弹出"F-检验　双样本方差"对话框。在对话框中输入或选取相关信息，如图 3-14 所示。

然后点击"确定"按钮，结果如图 3-15 所示。

图 3-15 中，$F=0.246611$，其右尾概率值 $p=0.4684265<0.05$。因此，差异显著，接受 H_A，即两个样本为异方差。D10 单元格是单尾临界值 $F_{0.05}$。$F>1$，该程序计算右尾概率值；$F<1$，计算左尾概率值。两者概率值是相等的。

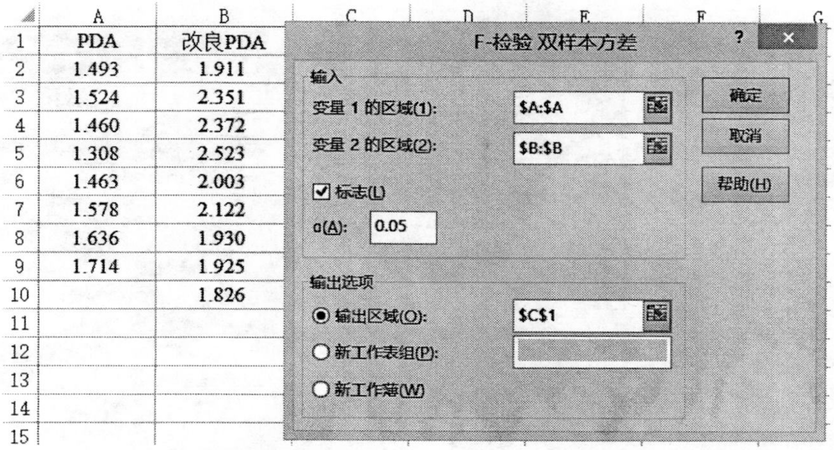

▲	A	B	C	D	E	F	G
1	PDA	改良PDA					
2	1.493	1.911					
3	1.524	2.351					
4	1.460	2.372					
5	1.308	2.523					
6	1.463	2.003					
7	1.578	2.122					
8	1.636	1.930					
9	1.714	1.925					
10		1.826					
11							
12							
13							
14							
15							

F-检验 双样本方差

输入

变量 1 的区域(1): $A:$A

变量 2 的区域(2): $B:$B

☑ 标志(L)

α(A): 0.05

输出选项

◉ 输出区域(O): $C$1

○ 新工作表组(P):

○ 新工作簿(W)

确定　取消　帮助(H)

图 3-14　菌丝生长速率及"F-检验　双样本方差"对话框

▲	C	D	E
1	F-检验 双样本方差分析		
2			
3		PDA	改良PDA
4	平均	1.522	2.107
5	方差	0.01528	0.061961
6	观测值	8	9
7	df	7	8
8	F	0.246611	
9	P(F<=f) 单尾	0.040609	
10	F 单尾临界	0.268404	

图 3-15　统计结果

2）平均数假设检验。

只有改良 PDA 培养基中的菌丝生长速率高于 PDA 培养基才有意义，故用单尾检验。

H_0：$\mu_1 \leqslant \mu_2$，即两种培养基菌丝生长速率相等；H_A：$\mu_1 > \mu_2$

单击"数据"选项卡，点击"数据分析"，弹出"数据分析"对话框，选择"t-检验：双样本异方差假设"，点击"确定"按钮，弹出"t-检验：双样本异方差假设"对话框。在对话框中输入或选取相关信息，如图 3-16 所示。

然后点击"确定"按钮，结果如图 3-17 所示。

图 3-17 中，$t = -6.238038$，其单尾概率值 $p = 2.166 \times 10^{-5} < 0.01$，双尾概率值 $p = 4.331 \times 10^{-5} < 0.01$，差异均极显著。因此，本题无论是进行双尾检验，还是单尾检验，都会接受 H_A，即改良 PDA 培养基可极显著地提高黑木耳菌丝生长速率。G11 单元格是单尾临界值 $t_{0.05}$，G13 单元格是双尾临界值 $t_{0.05}$。

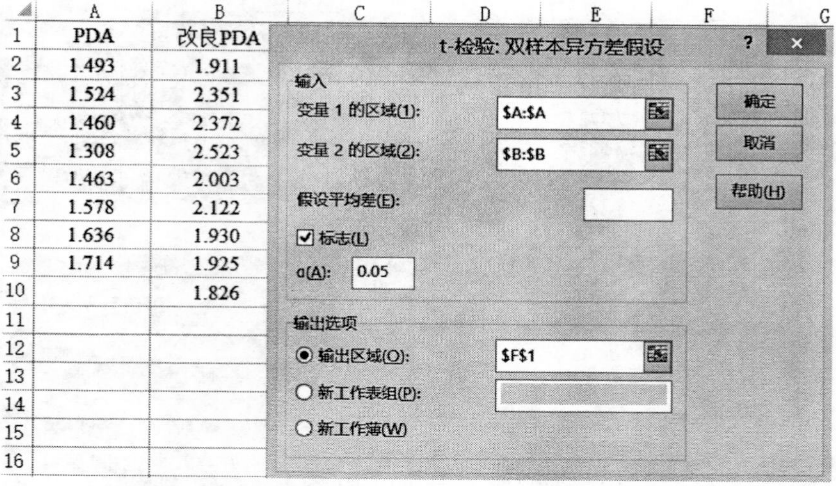

	A	B	C	D	E	F	G
1	PDA	改良PDA					
2	1.493	1.911					
3	1.524	2.351					
4	1.460	2.372					
5	1.308	2.523					
6	1.463	2.003					
7	1.578	2.122					
8	1.636	1.930					
9	1.714	1.925					
10		1.826					
11							
12							
13							
14							
15							
16							

t-检验：双样本异方差假设

输入

变量 1 的区域(1): $A:$A

变量 2 的区域(2): $B:$B

假设平均差(E):

☑ 标志(L)

α(A): 0.05

输出选项

⦿ 输出区域(O): $F$1

◯ 新工作表组(P):

◯ 新工作簿(W)

确定　取消　帮助(H)

图 3-16 "t-检验：双样本异方差假设"对话框

	F	G	H
1	t-检验：双样本异方差假设		
2			
3		PDA	改良PDA
4	平均	1.522	2.107
5	方差	0.0152803	0.061961
6	观测值	8	9
7	假设平均差	0	
8	df	12	
9	t Stat	-6.238038	
10	P(T<=t) 单尾	2.166E-05	
11	t 单尾临界	1.7822876	
12	P(T<=t) 双尾	4.331E-05	
13	t 双尾临界	2.1788128	

图 3-17 统计结果

（2）函数法。

将 PDA 和改良 PDA 的数据录入图 3-12 中的 A:B 列，结果如图 3-18 所示。

异方差平均数假设检验与数据分析方法相同，即双尾和单尾检验的概率 p 均小于 0.01，接受 H_A。

3.1.4 配对数据

若试验设计是将性质相同的供试单位配成一对，并设有多个配对，然后对每一配对的两个供试单位分别随机给予不同处理，则所得观测值为配对数据。如家

	A	B	C	D	E	F	G
1	样本1	样本2	小样本(总体方差未知, 成组数据)平均数假设检验				
2	1.493	1.911	样本1	平均数1	1.522	n_1	8
3	1.524	2.351	样本2	平均数2	2.107	n_2	9
4	1.46	2.372					
5	1.308	2.523	差齐性检验				
6	1.463	2.003		p	0.0406087		
7	1.578	2.122	平均数假设检验				
8	1.636	1.93		单尾p			
9	1.714	1.925		双尾p			
10		1.826	平均数假设检验				
11				单尾p	2.166E-05		
12				双尾p	4.333E-05		

图 3-18 录入数据

兔注射药物前后的体温, 两种方法测定同一土壤钾含量, 同一窝的两个动物或同一块土地的两株植物做不同处理等。

由于同一配对的试验条件非常接近, 而不同配对间的差异可通过配对的差数予以消除, 因而可以控制试验误差, 具有较高的精确度。配对数据的平均数假设检验 ($n<30$) 见表 3-6。

表 3-6 两个小样本 (符合正态分布, 配对设计) 的平均数假设检验

H_0	H_A	统计量	否定 H_0 条件
$\mu_1 = \mu_2$	$\mu_1 \neq \mu_2$	$t = \dfrac{\bar{d}}{s_{\bar{d}}} = \dfrac{\bar{d}}{\sqrt{\dfrac{\sum d^2 - (\sum d)^2/n}{n(n-1)}}}$ $df = n-1$	$\mid t \mid \geqslant$ 双尾 $t_{\alpha(df)}$ 或 $p \leqslant \alpha/2$
$\mu_1 \leqslant \mu_2$	$\mu_1 > \mu_2$		$\mid t \mid \geqslant$ 单尾 $t_{\alpha(df)}$ 或 $p \leqslant \alpha$
$\mu_1 \geqslant \mu_2$	$\mu_1 < \mu_2$		$\mid t \mid \geqslant$ 单尾 $t_{\alpha(df)}$ 或 $p \leqslant \alpha$

注: $d_i = x_{1i} - x_{2i}$ ($i = 1, 2, \cdots, n$)。

【例 3-5】 用家兔 10 只试验某批注射液对体温的影响, 测定每只家兔注射前后的体温, 如图 3-19 所示。请问注射前后体温有无显著差异?

样本 1 和样本 2 数据经检验均无异常值, 均符合正态分布, 参见 1.2 节和 1.3 节。

$H_0: \mu_1 = \mu_2$, 即注射前后体温有无显著差异; $H_A: \mu_1 \neq \mu_2$

(1) 数据分析法。

单击 "数据" 选项卡, 点击 "数据分析", 弹出 "数据分析" 对话框, 选择 "t-检验: 平均值的成对二样本分析", 点击 "确定" 按钮, 弹出 "t-检验: 平均值的成对二样本分析" 对话框。在对话框中输入或选取相关信息, 如图 3-19 所示。

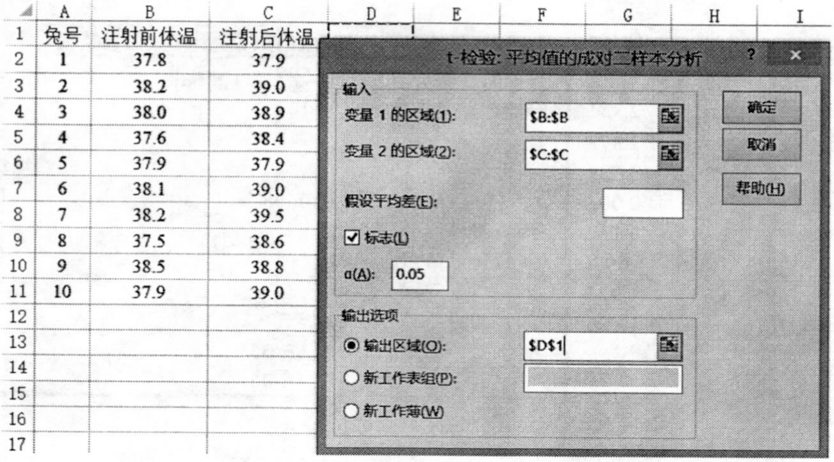

	A	B	C
1	兔号	注射前体温	注射后体温
2	1	37.8	37.9
3	2	38.2	39.0
4	3	38.0	38.9
5	4	37.6	38.4
6	5	37.9	37.9
7	6	38.1	39.0
8	7	38.2	39.5
9	8	37.5	38.6
10	9	38.5	38.8
11	10	37.9	39.0

t-检验：平均值的成对二样本分析

输入
变量 1 的区域(1): $B:$B
变量 2 的区域(2): $C:$C
假设平均差(E):
☑ 标志(L)
α(A): 0.05

输出选项
◉ 输出区域(O): $D$1
○ 新工作表组(P):
○ 新工作簿(W):

确定　取消　帮助(H)

图 3-19　"t-检验：平均值的成对二样本分析"对话框

然后点击"确定"按钮，结果如图 3-20 所示。

	D	E	F
1	t-检验：成对双样本均值分析		
2			
3		注射前体温	注射后体温
4	平均	37.97	38.7
5	方差	0.089	0.26
6	观测值	10	10
7	泊松相关系数	0.49668921	
8	假设平均差	0	
9	df	9	
10	t Stat	-5.1893403	
11	P(T<=t) 单尾	0.00028608	
12	t 单尾临界	1.83311293	
13	P(T<=t) 双尾	0.00057215	
14	t 双尾临界	2.26215716	

图 3-20　统计结果

图 3-20 中，$t = -5.1893403$，其单尾概率值 $p = 0.00028608 < 0.01$，双尾概率值 $p = 0.00057215 < 0.01$，差异均极显著。因此，本题无论是进行双尾检验，还是单尾检验，都会接受 H_A，即该注射液能极显著地提高家兔体温。E12 单元格是单尾临界值 $t_{0.05}$，E14 单元格是双尾临界值 $t_{0.05}$。

（2）函数法。

在 E1 单元格内输入"=AVERAGE(B:B)"，回车。

在 E2 单元格内输入"=AVERAGE(C:C)"，回车。

在 E3 单元格内输入"=T. TEST(B:B,C:C,2,1)"，回车。

在 E4 单元格内输入"=T. TEST(B:B,C:C,1,1)"，回车。

结果如图 3-21 所示。

	A	B	C	D	E
1	兔号	注射前体温	注射后体温	注射前体温平均数	37.97
2	1	37.8	37.9	注射后体温平均数	38.7
3	2	38.2	39.0	单尾 p	0.00057215
4	3	38.0	38.9	双尾 p	0.00028608
5	4	37.6	38.4		
6	5	37.9	37.9		
7	6	38.1	39.0		
8	7	38.2	39.5		
9	8	37.5	38.6		
10	9	38.5	38.8		
11	10	37.9	39.0		

图 3-21　统计结果

由图 3-21 可知，双尾和单尾检验的概率 p 均小于 0.01，接受 H_A。

3.2　符合二项分布的两个样本假设检验

3.2.1　精确法——小样本

$$\hat{p} = \frac{n_1\hat{p}_1 + n_2\hat{p}_2}{n_1 + n_2} = \frac{x_1 + x_2}{n_1 + n_2}$$

式中　$\hat{p}_1$——样本 1 的频率；

　　　x_1——样本 1 的观察数；

　　　n_1——样本 1 容量；

　　　$\hat{p}_2$——样本 2 的频率；

　　　x_2——样本 2 的观察数；

　　　n_2——样本 2 容量。

当 $n_1\hat{p}$、$n_1\hat{q}$、$n_2\hat{p}$ 或 $n_2\hat{q} < 5$（$\hat{q} = 1 - \hat{p}$）时，采用 Fisher 精确检验法，步骤如下：

（1）安排观察表，把两样本频率检验数据转换成 2×2 表形式，转换后的 2×2 表中 4 个单元格的观察数分别为 a、b、c、d。其中观察数 a 最小。

	事件 A	事件 $\bar{A}$
样本 1	a	b
样本 2	c	d

表格中，第 1 行第 1 列为 O_{11}，第 1 行第 2 列为 O_{12}，第 2 行第 1 列为 O_{21}，第 2 行第 2 列为 O_{22}。

（2）把 O_{11} 格内的观察数变成 0，O_{12} 格内的观察数变成 $a+b$，O_{21} 格内的观察数变成 $a+c$，O_{22} 格内的观察 $d-a$。这样就做成了第 1 个四格表。

（3）把 O_{11} 格内的观察数增加 1，O_{12} 和 O_{21} 格内的观察数减少 1，O_{22} 格内观察数增加 1。

（4）重复步骤（3），直到 O_{11} 格内的观察数为 a 为止。

这样就可得到若干个四格表，它们均服从超几何分布，每一个四格表概率计算为：

$$p(O_{11}, O_{12}, O_{21}, O_{22}) = \frac{(O_{11} + O_{12})! \ (O_{21} + O_{22})! \ (O_{11} + O_{21})! \ (O_{12} + O_{22})!}{n! \ O_{11}! \ O_{12}! \ O_{21}! \ O_{22}!}$$

式中，$n = O_{11} + O_{12} + O_{21} + O_{22}$。

（5）两个小样本频率的假设检验见表 3-7。

表 3-7　两个小样本（符合二项分布）的频率假设检验

H_0	H_A	统 计 数	否定 H_0 条件
$p_1 = p_2$	$p_1 \neq p_2$	$p = 1 - \sum\limits_{x=0}^{a-1} P(x)$，$p = \sum\limits_{x=0}^{a} P(x)$ 中的最小值	$p \leq \alpha/2$
$p_1 \leq p_2$	$p_1 > p_2$	$p = 1 - \sum\limits_{x=0}^{a-1} P(x)$	$p \leq \alpha$
$p_1 \geq p_2$	$p_1 < p_2$	$p = \sum\limits_{x=0}^{a} P(x)$	$p \leq \alpha$

注：a 是与原观察表 O_{11} 格内的数值。

3. 2. 2　正态理论法——大样本

当 $n_1\hat{p}$、$n_1\hat{q}$、$n_2\hat{p}$、$n_2\hat{q}$ 均大于等于 5，二项分布近似正态分布，安排观察表按 3.2.1 节执行，统计采用 u 检验见表 3-8。也可应用 4.3.1 节独立性检验。

表 3-8　两个大样本（符合二项分布）的频率假设检验

H_0	H_A	统计量	否定 H_0 条件
$p_1 = p_2$	$p_1 \neq p_2$	$u = \dfrac{\mid \hat{p}_1 - \hat{p}_2 \mid - \dfrac{0.5}{n_1} - \dfrac{0.5}{n_2}}{\sqrt{\hat{p}\hat{q}\left(\dfrac{1}{n_1} + \dfrac{1}{n_2}\right)}}$	$\mid u \mid \geq$ 双尾 u_α 或 $p \leq \alpha/2$
$p_1 \leq p_2$	$p_1 > p_2$	$\hat{p} = \dfrac{x_1 + x_2}{n_1 + n_2}$　$\hat{q} = 1 - \hat{p}$	$\mid u \mid \geq$ 单尾 u_α 或 $p \leq \alpha$
$p_1 \geq p_2$	$p_1 < p_2$	$\hat{p}_1 = \dfrac{x_1}{n_1}$　$\hat{p}_2 = \dfrac{x_2}{n_2}$	$\mid u \mid \geq$ 单尾 u_α 或 $p \leq \alpha$

【例 3-6】 假设一个回顾性研究是在某地区的 50~54 岁男性中完成，这些人都在一个月内死亡。研究者搜集两组近似相等数量的男性死者，一组是病例组死者，另一组是死于其他疾病的男性（对照组）。调查发现 35 人的病例组死者中有 5 个生前是高盐者，30 个是低盐者；而 25 人的对照组死者中，2 人是高盐者，23 人为低盐者。请问死亡的原因与高盐摄入量是否有关？

H_0：$p_1 = p_2$，即死亡的原因与高盐摄入量无关；H_A：$p_1 \neq p_2$

根据题意，安排次数观察表及数据格式化，如图 3-22 所示。

	A	B	C	D	E	F	G	H
1		高盐	低盐	总计	符合二项分布的二个样本假设检验			
2	对照组	2	23	25	$\hat{p}_1$		$n_1\hat{p}$	
3	病例组	5	30	35	$\hat{p}_2$		$n_1\hat{q}$	
4	总计	7	53	60	$\hat{p}$		$n_2\hat{p}$	
5					$\hat{q}$		$n_2\hat{q}$	
6					精确法			
7						双尾p		
8						左尾p		
9						右尾p		
10					正态理论法			
11						u		
12						单尾p		
13						双尾p		

图 3-22　数据格式化

在 F2 单元格输入"=B2/D2"，回车；并拖动 F2 单元格填充柄至 F4 单元格。

在 F5 单元格输入"=1-F4"，回车。

在 H2 单元格输入"=D2*F4"，回车。

在 H3 单元格输入"=D2*F5"，回车。

在 H4 单元格输入"=D3*F4"，回车。

在 H5 单元格输入"=D3*F5"，回车。

在 G7 单元格输入"=IF(MIN(H2:H5)<5,2*MIN(HYPGEOM.DIST(B2,D2,B4,D4,TRUE),1-HYPGEOM.DIST(B2-1,D2,B4,D4,TRUE)),"")"，回车。

在 G8 单元格输入"=IF(MIN(H2:H5)<5,1-HYPGEOM.DIST(B2-1,D2,B4,D4,TRUE),"")"，回车。

在 G9 单元格输入"=IF(MIN(H2:H5)<5,HYPGEOM.DIST(B2,D2,B4,D4,TRUE),"")"，回车。

在 G11 单元格输入"=IF(MIN(H2:H5)<5,"",(ABS(F2-F3)-0.5/D2-0.5/D3)/SQRT(F4*F5*(1/D2+1/D3)))"，回车。

在 G12 单元格输入"=IF(G11="","",1-NORM.S.DIST(G11,TRUE))"，回车。

在 G13 单元格输入 "=IF(G11="","",G12*2)", 回车。

结果如图 3-23 所示。

	A	B	C	D	E	F	G	H
1		高盐	低盐	总计	符合二项分布的二个样本假设检验			
2	对照组	2	23	25	$\hat{p}_1$	0.08	$n_1\hat{p}$	2.91667
3	病例组	5	30	35	$\hat{p}_2$	0.14286	$n_1\hat{q}$	22.0833
4	总计	7	53	60	$\hat{p}$	0.11667	$n_2\hat{p}$	4.08333
5					$\hat{q}$	0.88333	$n_2\hat{q}$	30.9167
6					精确法			
7						双尾p	0.749304	
8						左尾p	0.877518	
9						右尾p	0.374652	
10					正态理论法			
11						u		
12						单尾p		
13						双尾p		

图 3-23 统计结果

本题是双尾检验，双尾概率值 $p = 0.749304 > 0.05$，差异不显著，接受 H_0，某地区的 50~54 岁男性死亡原因与高盐摄入量无关。如进行单尾检验，可查看右尾（$H_A: p_1 > p_2$）或左尾（$H_A: p_1 < p_2$）的概率值，并与 0.05 和 0.01 比较得出结论。

输入相关信息后，本程序可自动选择精确法或正态理论法计算概率。

【例 3-7】 用 A 杀虫剂处理 25 头棉铃虫，结果死亡 15 头，存活 10 头；用 B 杀虫剂处理 24 头，结果死亡 9 头，存活 15 头。请问两种杀虫剂的杀虫效果是否有显著差异？

$H_0: p_1 = p_2$，两种杀虫剂的杀虫效果没有差异；$H_A: p_1 \neq p_2$

将数据录入图 3-22 中，结果如图 3-24 所示。

	A	B	C	D	E	F	G	H
1		死亡	存活	总计	符合二项分布的二个样本假设检验			
2	B	9	15	24	$\hat{p}_1$	0.375	$n_1\hat{p}$	11.7551
3	A	15	10	25	$\hat{p}_2$	0.6	$n_1\hat{q}$	12.2449
4	总计	24	25	49	$\hat{p}$	0.4898	$n_2\hat{p}$	12.2449
5					$\hat{q}$	0.5102	$n_2\hat{q}$	12.7551
6					精确法			
7						双尾p		
8						左尾p		
9						右尾p		
10					正态理论法			
11						u	1.289167	
12						单尾p	0.09867	
13						双尾p	0.19734	

图 3-24 统计结果

本题为双尾检验，$u = 1.289167$，双尾概率值 $p = 0.19734 > 0.05$，差异不显著，接受 H_0，两种杀虫剂的杀虫效果没有差异。如果是单尾检验，单尾概率值 $p = 0.09867 > 0.05$，差异不显著，接受 H_0。

3.3 两个样本的非参数假设检验

应用非参数假设检验的条件见2.3节。

3.3.1 配对数据

3.3.1.1 符号检验

$4 < n < 20$ 的样本称为小样本，采用精确法检验法，见2.3.1节。$n \geqslant 20$ 的样本称为大样本，可采用 u 检验，见2.3.2节。

【例3-8】 某研究测定了噪声刺激15头猪的前后心率，结果如图3-25所示。请问噪声对猪的心率有无影响？

H_0：噪声刺激前后猪的心率差值 d 总体中位数 $\Delta = 0$；H_0：$\Delta \neq 0$

数据格式化如图3-25所示。

	A	B	C	D	E	F	G
1	前	后	d_i	二个样本的非参数检验（$n > 4$，符号检验）			
2	61	75					
3	70.0	79.0		C		D	
4	68.0	85.0		n			
5	73.0	77.0					
6	85.0	84.0		1.精确法			
7	81.0	87.0			双尾p		
8	65.0	88.0			右尾p		
9	62.0	76.0			左尾p		
10	72.0	74.0		2.正态理论法			
11	84.0	81.0			u		
12	76	85			双尾p		
13	60	78			单尾p		
14	80	88					
15	79	80					
16	71	84					

图3-25 数据格式化

在 C2 单元格输入 "$= A2 - B2$"，回车；并拖动 C2 单元格填充柄至 C16 单元格；

在 E3 单元格输入 "$= COUNTIF(C:C, ">0")$"，回车。

在 G3 单元格输入 "$= COUNTIF(C:C, "<0")$"，回车。

在 E4 单元格输入 "=E3+G3"，回车。

在 F7 单元格输入 "=IF(AND(E4<20,E4>4),IF(E3=E4/2,1,IF(E3>E4/2,2*(1-BINOM.DIST(E3-1,E4,0.5,TRUE)),2*BINOM.DIST(E3,E4,0.5,TRUE))),"")"，回车。

在 F8 单元格输入 "=IF(AND(E4<20,E4>4),1-BINOM.DIST(E3-1,E4,0.5,TRUE),"")"，回车。

在 F9 单元格输入 "=IF(AND(E4<20,E4>4),BINOM.DIST(E3,E4,0.5,TRUE),"")"，回车。

在 F11 单元格输入 "=IF(E4<20,"",(ABS(E3-G3)-1)/SQRT(E4))"，回车。

在 F12 单元格输入 "=IF(F11="","",2*(1-NORM.S.DIST(ABS(F11),TRUE)))"，回车。

在 F13 单元格输入 "=IF(F12="","",F12/2)"，回车。

结果如图 3-26 所示。

	A	B	C	D	E	F	G
1	前	后	d_i	二个样本的非参数检验($n>4$，符号检验)			
2	61	75	-14				
3	70.0	79.0	-9	C	2	D	13
4	68.0	85.0	-17	n	15		
6	85.0	84.0	1	1.精确法			
7	81.0	87.0	-6		双尾p	0.007385	
8	65.0	88.0	-23		右尾p	0.999512	
9	62.0	76.0	-14		左尾p	0.003693	
10	72.0	74.0	-2	2.正态理论法			
11	84.0	81.0	3		u		
12	76	85	-9		双尾p		
13	60	78	-18		单尾p		
14	80	88	-8				
15	79	80	-1				
16	71	84	-13				

图 3-26 统计结果

本题为双尾检验，双尾概率值 $p=0.007385<0.01$，差异极显著，接受 H_A，即噪声刺激可极显著地增加猪的心率。如进行单尾检验，可查看右尾（H_A：$\Delta>0$）或左尾（H_A：$\Delta<0$）的概率值，并与 0.05 和 0.01 比较得出结论。

本程序录入数据后，将 C1 向下填充至与 A、B 列数据平齐，本程序可自动选择精确法或正态理论法计算概率。

【例 3-9】 比较两种软膏 A 与 B 在减轻因阳光照射所致过分红色反应的有

效性。A 随机涂于右或左臂上，B 则涂于另一手臂上。在阳光照射 1h 后，对比两臂的红色程度。有 45 人参与试验，22 人 A 手臂红色低于 B 手臂，18 人 B 手臂红色低于 A 手臂，5 人两臂红色相同。试判断 A 与 B 软膏减轻红色反应是否相同？

$$H_0: \Delta = 0，相同；H_0: \Delta \neq 0$$

可将 22 和 18 分别录入图 3-25 的 E3 和 G3 单元格，即可得出结论，如图 3-27 所示。

	D	E	F	G
1	二个样本的非参数检验($n>4$，符号检验)			
2				
3	C	22	D	18
4	n	40		
5				
6	1.精确法			
7		双尾p		
8		右尾p		
9		左尾p		
10	2.正态理论法			
11		u	0.474342	
12		双尾p	0.635256	
13		单尾p	0.317628	

图 3-27　统计结果

本题为双尾检验，双尾概率值 p 为 0.635256>0.05，差异不显著，接受 H_0，A 与 B 软膏减轻红色反应是相同的。同样单尾检验也能得出上述结论。

3.3.1.2 Wilcoxon 符号-秩检验

符号检验只用到符号的差异，而未考虑数字所包含的信息。Wilcoxon 符号-秩检验是一种改进的符号检验，既考虑了正、负号，又考虑了两者差值的大小，统计效率远高于符号检验。检验步骤为：

（1）将两组数据配对差值非零 d_i 按绝对值大小排序，绝对值最小的记为 1，次之为 2，…，绝对值最大的为 n。

（2）若有几个绝对值相同（打结），将其归为一组，该组秩次平均值等于最小秩与最大秩的平均数。

（3）分别计算正负秩次的和，并以绝对值较小的秩和绝对值为检验的统计量。

（4）假设检验。

1）小样本（$6 \leqslant$ 非零 d_i 数 $n \leqslant 15$）

统计量记为 T，根据 n 查附表 4 临界值 $T_{0.05}$ 和 $T_{0.01}$，单尾 $T_{0.05}=$ 双尾 $T_{0.10}$，

单尾 $T_{0.01}$ =双尾 $T_{0.02}$。如果 $T > T_{0.05}$，$p > 0.05$，差异不显著，接受 H_0；$T_{0.01} < T \leqslant T_{0.05}$，$0.01 < p \leqslant 0.05$，差异显著，接受 H_A；$T \leqslant T_{0.01}$，$p \leqslant 0.01$，差异极显著，接受 H_A。

2）大样本（非零 d_i 数 $n > 15$）

统计量记为 R，假设检验见表 3-9。

表 3-9 两个大样本（配对数据）的 Wilcoxon 符号-秩检验

H_0	H_A	统 计 量	否定 H_0 条件
$\Delta = 0$	$\Delta \neq 0$	无结时：$u = \dfrac{[\,\mid R - n(n+1)/4\mid - 0.5\,]}{\sqrt{n(n+1)(2n+1)/24}}$	$\mid u\mid \geqslant$ 双尾 u_α 或 $p \leqslant \alpha/2$
$\Delta \leqslant 0$	$\Delta > 0$	有结时：$u = \dfrac{[\,\mid R - n(n+1)/4\mid - 0.5\,]}{\sqrt{n(n+1)(2n+1)/24 - \sum\limits_{i=1}^{g}(t_i^3 - t_i)/48}}$	$\mid u\mid \geqslant$ 单尾 u_α 或 $p \leqslant \alpha$
$\Delta \geqslant 0$	$\Delta < 0$		$\mid u\mid \geqslant$ 单尾 u_α 或 $p \leqslant \alpha$

注：无结表示没有绝对值相同的差值；有结表示有绝对值相同的差值，g 是有结的组数，t_i 是第 i 个差值绝对值的个数。

【例 3-10】 某试验用大白鼠研究饲料维生素 E 缺乏与肝脏中维生素 A 含量的关系，先将大白鼠按性别、月龄、体重等配为 10 对，再把每对中的两只大白鼠随机分配到正常饲料组和维生素 E 缺乏饲料组，试验结束后测定大白鼠肝中维生素 A 的含量如图 3-28。试检验两组大白鼠肝中维生素 A 的含量是否有显著差异。

$$H_0：差值\ d\ 总体的中位数\ \Delta = 0；\ H_0：\Delta \neq 0$$

去除差值为 0 的数据，将数据录入 A：B 列，数据格式化如图 3-28。

	A	B	C	D	E	F	G	H	I	J	K	L	M
1	A组	B组	d_i	$\mid d_i\mid$	排位	排位分组	结t_i	t_i^3-t_i	秩次	二个样本的wilcoxon符号-秩检验			
2	3550	2450				1				正秩次和		负秩次和	
3	2000	2400				2				n		统计量	
4	3000	1800				3							
5	3950	3200				4				小样本(6≤n≤15)			
6	3800	3250				5				$T_{0.05}$			
7	3750	2700				6				$T_{0.01}$			
8	3450	2700				7				结论			
9	3050	1750				8				大样本(n>15)			
10										u			
11										双尾p			
12										单尾p			

图 3-28 数据格式化

在 C2 单元格输入"=A2-B2",回车;并拖动 C2 单元格填充柄至 C9 单元格。

在 D2 单元格输入"=ABS(C2)",回车;并拖动 D2 单元格填充柄至 D9 单元格。

在 E2 单元格输入"=RANK.EQ(D2,D:D,1)",回车;并拖动 E2 单元格填充柄至 E9 单元格。

在 G2 单元格输入"=COUNTIF(E:E,F2)",回车;并拖动 G2 单元格填充柄至 G9 单元格。

在 H2 单元格输入"=G2^3-G2",回车;并拖动 H2 单元格填充柄至 H9 单元格。

在 I2 单元格输入"=IF(C2>0,(E2+COUNT(D:D)+1-RANK.EQ(D2,D:D,0))/2,-(E2+COUNT(D:D)+1-RANK.EQ(D2,D:D,0))/2)",回车;并拖动 I2 单元格填充柄至 I9 单元格。

在 K2 单元格输入"=SUMIF(I:I,">0")",回车。

在 M2 单元格输入"=SUMIF(I:I,"<0")",回车。

在 K3 单元格输入"=COUNT(D:D)",回车。

在 M3 单元格输入"=MIN(K2,ABS(M2))",回车。

在 L8 单元格输入"=IF(K3>15,"",IF(M3>L6,"p>0.05",IF(M3>0.01,"p<0.05","p<0.01")))",回车。

在 L10 单元格输入"=IF(K3>15,(ABS(M3-K3*(K3+1)/4)-0.5)/SQRT(K3*(K3+1)*(2*K3+1)/24-SUM(H:H)/48),"")",回车。

在 L11 单元格输入"=IF(L10="","",2*(1-NORM.S.DIST(L10,TRUE)))",回车。

在 L12 单元格输入"=IF(L10="","",L11/2)",回车。

根据 $n=8$,查附表 4 的 $T_{0.05}=3$ 和 $T_{0.01}=0$ 录入 L6 和 L7 单元格。

结果如图 3-29 所示。

在本题中统计量 $T=1$,$p<0.05$,差异显著,接受 H_A,即正常饲料组大白鼠肝中的维生素 A 含量显著高于维生素 E 缺乏组。

在 A:B 列录入统计数据(必须删除差值为 0 的配对数据)后,将 C:I 列向下填充至与 A:B 列数据平齐,本程序可自动选择小样本或大样本计算概率。

【例 3-11】 现有 16 名注射青霉素前后胆红素的改变值,如图 3-30 所示。试检验治疗前后胆红素的变化是否显著。

$$H_0:\text{差值 } d \text{ 总体的中位数 } \Delta = 0; \quad H_0: \Delta \neq 0$$

去除差值为 0 的数据,将数据录入图 3-28 中的 A:B 列,将 C:I 列向下填充至与 A:B 列数据平齐,结果如图 3-30 所示。

	A	B	C	D	E	F	G	H	I	J	K	L	M
1	A组	B组	d_t	$|d_t|$	排位	排位分组	结t_t	$t_t^3-t_t$	秩次	二个样本的wilcoxon符号-秩检验			
2	3550	2450	1100	1100	6	1	1	0	6	正秩次和	35	负秩次和	-1
3	2000	2400	-400	400	1	2	1	0	-1	n	8	统计量	1
4	3000	1800	1200	1200	7	3	2	6	7				
5	3950	3200	750	750	3	4	0	0	3.5	小样本($6 \leqslant n \leqslant 15$)			
6	3800	3250	550	550	2	5	1	0	2		$T_{0.05}$	3	
7	3750	2700	1050	1050	5	6	1	0	5		$T_{0.01}$	0	
8	3450	2700	750	750	4	7	1	0	3.5		结论	p<0.05	
9	3050	1750	1300	1300	8	8	1	0	8	大样本($n>15$)			
10											u		
11											双尾p		
12											单尾p		

图 3-29 统计结果

	A	B	C	D	E	F	G	H	I	J	K	L	M
1	A组	B组	d_t	$|d_t|$	排位	排位分组	结t_t	$t_t^3-t_t$	秩次	二个样本的wilcoxon符号-秩检验			
2	68	100	-32	32	10	1	1	0	-10.5	正秩次和	26.5	负秩次和	-109.5
3	83	101	-18	18	4	2	2	6	-4	n	16	统计量	26.5
4	69	120	-51	51	12	3	0	0	-12				
5	100	180	-80	80	15	4	1	0	-15	小样本($6 \leqslant n \leqslant 15$)			
6	110	100	10	10	1	5	3	24	1		$T_{0.05}$	3	
7	180	240	-60	60	13	6	0	0	-13		$T_{0.01}$	0	
8	55	120	-65	65	14	7	1	0	-14		结论		
9	200	170	30	30	8	8	2	6	8.5	大样本($n>15$)			
10	210	300	-90	90	16	9	0	0	-16		u	2.12254	
11	120	105	15	15	2	10	2	6	2.5		双尾p	0.03379	
12	140	121	19	19	5	11	0	0	6		单尾p	0.0169	
13	100	119	-19	19	5	12	1	0	-6				
14	150	131	19	19	5	13	1	0	6				
15	88	120	-32	32	10	14	1	0	-10.5				
16	155	140	15	15	2	15	0	0	2.5				
17	120	150	-30	30	8	16	1	0	-8.5				

图 3-30 录入数据及统计结果

本题是双尾检验，双尾概率值 $p=0.03379<0.05$，差异显著，否定 H_0，接受 H_A，即注射青霉素可提高胆红素的含量。如进行单尾检验，可查看单尾的概率值，并与 0.05 和 0.01 比较得出结论。

3.3.2 成组数据

成组数据采用 Wilcoxon 秩-和检验。首先将两样本数据合并，并从小到大排列，统一编秩，相同数据计算平均秩次（编秩方法见 3.3.1.2 节）；然后将两个样本分开，并计算各自的秩和。

3.3.2.1 精确法——小样本

两个样本容量为 n_1 和 n_2，当 $n_1 \leqslant n_2$ 且 $4 \leqslant n_1 < 10$ 时，为小样本。小样本采用精确法检验，将 n_1 的中的秩和作为检验的统计量 T；若 $n_1 = n_2$，则任取一组的秩和为 T。

根据 n_1 和 n_2 查附表 5 临界值 $T_{0.05}$ 和 $T_{0.01}$，单尾 $T_{0.05}$ = 双尾 $T_{0.10}$，单尾 $T_{0.01}$ = 双尾 $T_{0.02}$。当 $T_{l0.05} < T < T_{r0.05}$ 时，$p > 0.05$，差异不显著，接受 H_0；当 $T \leqslant T_{l0.05}$ 或 $T \geqslant T_{r0.05}$ 时，$p < 0.05$，差异显著，接受 H_A；同理，当 $T \leqslant T_{l0.01}$ 或 $T \geqslant T_{r0.01}$ 时，$p < 0.01$，差异极显著，接受 H_A。

3.3.2.2 正态近似法——大样本

两个样本容量为 n_1 和 n_2，当 $n_1 \leqslant n_2$ 且 n_1 和 $n_2 \geqslant 10$ 时，为大样本。大样本正态近似法，要求变量有潜在的连续分布，将 n_1 的中的秩和记为 R_1；若 $n_1 = n_2$，则任取一组的秩和为 R_1。检验程序见表 3-10。

表 3-10 两个大样本（成组数据）的 Wilcoxon 秩-和检验

H_0	H_A	统 计 量	否定 H_0 条件
$\Delta = 0$	$\Delta \neq 0$	无结时：$u = \dfrac{[\,\mid R_1 - n_1(n_1 + n_2 + 1)/2 \mid - 0.5\,]}{\sqrt{\dfrac{n_1 n_2}{12}(n_1 + n_2 + 1)}}$	$\mid u \mid \geqslant$ 双尾 u_α 或 $p \leqslant \alpha/2$
$\Delta \leqslant 0$	$\Delta > 0$	有结时：$u = \dfrac{[\,\mid R_1 - n_1(n_1 + n_2 + 1)/2 \mid - 0.5\,]}{\sqrt{\dfrac{n_1 n_2}{12}\left(n_1 + n_2 + 1 - \dfrac{\sum\limits_{i=1}^{g}(t_i^3 - t_i)}{(n_1 + n_2)(n_1 + n_2 - 1)}\right)}}$	$\mid u \mid \geqslant$ 单尾 u_α 或 $p \leqslant \alpha$
$\Delta \geqslant 0$	$\Delta < 0$		$\mid u \mid \geqslant$ 单尾 u_α 或 $p \leqslant \alpha$

注：无结表示没有绝对值相同的差值；有结表示有绝对值相同的差值，g 是有结的组数，t_i 是第 i 个差值绝对值的个数。

【例 3-12】 研究两种不同能量饲料对 5~6 周龄肉仔鸡增重（g）的影响，A1 组代表高能量，A2 组代表低能量，数据如图 3-31 所示，请问两种不同能量的饲料对肉仔鸡增重的影响有无差异？

H_0：样本 1 总体的中位数 = 样本 2 总体的中位数；

H_A：样本 1 总体的中位数 ≠ 样本 2 总体的中位数

数据格式化如图 3-31 所示。

在 C2 单元格输入"=RANK.EQ(B2,B:B,1)"，回车；拖动 C2 单元格填充柄至 D16 单元格。

	A	B	C	D	E	F	G	H	I	J	K	L
1	组别	数据	排位	排位分组	结t_i	$t_i^3-t_i$	秩次		二个样本的wilcoxon秩-和检验			
2	A1	603		1					组别	n	秩和	
3	A1	585		2					A1			
4	A1	598		3					A2			
5	A1	620		4								
6	A1	617		5					n_1		$n_1 n_2$	
7	A1	650		6					n_2		n_1+n_2	
8	A2	489		7					统计量			
9	A2	457		8								
10	A2	512		9					小样本($4 \leqslant n_1,n_2<10$)			
11	A2	567		10					$T_{l0.05}$		$T_{l0.01}$	
12	A2	512		11					$T_{r0.05}$		$T_{r0.01}$	
13	A2	585		12					结论			
14	A2	591		13								
15	A2	531		14					大样本($n_1,n_2 \geqslant 10$)			
16	A2	467		15					u			
17									双尾p			
18									单尾p			

图 3-31　数据格式化

在 E2 单元格输入"=COUNTIF(C:C,D2)",回车;拖动 E2 单元格填充柄至 E16 单元格。

在 F2 单元格输入"=E2^3-E2",回车;拖动 F2 单元格填充柄至 F16 单元格。

在 G2 单元格输入"=(C2+COUNT(B:B)+1-RANK.EQ(B2,B:B,0))/2",回车;拖动 G2 单元格填充柄至 G16 单元格。

在 J3 单元格输入"=DCOUNT(A:B,"数据",I2:I3)",回车。

在 J4 单元格输入"=DCOUNT(A:B,"数据",I2:I4)-J3",回车。

在 K3 单元格输入"=DSUM(A:G,"秩次",I2:I3)",回车。

在 K4 单元格输入"=DSUM(A:G,"秩次",I2:I4)-K3",回车。

在 J6 单元格输入"=MIN(J3:J4)",回车。

在 J7 单元格输入"=MAX(J3:J4)",回车。

在 L6 单元格输入"=J6*J7",回车。

在 L7 单元格输入"=J6+J7",回车。

在 J8 单元格输入"=VLOOKUP(J6,J3:K4,2,FALSE)",回车。

查附表 5,$n_1=6$、$n_2=9$、$\alpha=0.05$ 时,$T_l=31$ 录入 J11,$T_r=65$ 录入 J12;$\alpha=0.01$ 时,$T_l=26$ 录入 L11,$T_r=70$ 录入 L12。

在 J13 单元格输入"=IF(OR(J6<4,J7>9),"",IF(OR(J8<=L11,J8>=

L12),"p<0.01",IF(OR(J8<=J11,J8>=J12),"p<0.05","p>0.05")))",回车。

在 J16 单元格输入 "=IF(MIN(J6:J7)>9,(ABS(J8-J6*(L7+1)/2)-0.5)/SQRT(L6*(L7+1-SUM(F:F)/L7/(L7-1))/12),"")",回车。

在 J17 单元格输入 "=IF(J16="","",2*(1-NORM.S.DIST(J16,TRUE)))",回车。

在 J18 单元格输入 "=IF(J16="","",J17/2)",回车。

结果如图 3-32 所示。

	A	B	C	D	E	F	G	H	I	J	K	L
1	组别	数据	排位	排位分组	结t_i	$t_i^3-t_i$	秩次		二个样本的wilcoxon秩-和检验			
2	A1	603	12	1	1	0	12		组别	n	秩和	
3	A1	585	8	2	1	0	8.5		A1	6	73.5	
4	A1	598	11	3	1	0	11		A2	9	46.5	
5	A1	620	14	4	2	6	14					
6	A1	617	13	5	0	0	13		n_1	6	$n_1 n_2$	54
7	A1	650	15	6	1	0	15		n_2	9	n_1+n_2	15
8	A2	489	3	7	1	0	3		统计量	73.5		
9	A2	457	1	8	2	6	1					
10	A2	512	4	9	0	0	4.5		小样本($4 \leqslant n_1, n_2 < 10$)			
11	A2	567	7	10	1	0	7		$T_{l0.05}$	31	$T_{l0.01}$	26
12	A2	512	4	11	1	0	4.5		$T_{r0.05}$	65	$T_{r0.01}$	70
13	A2	585	8	12	1	0	8.5		结论	p<0.01		
14	A2	591	10	13	1	0	10					
15	A2	531	6	14	1	0	6		大样本($n_1, n_2 \geqslant 10$)			
16	A2	467	2	15	1	0	2		u			
17									双尾p			
18									单尾p			

图 3-32 统计结果

本题小样本，$T=73.5$，$p<0.01$，差异极显著，接受 H_A，即饲料能量高低对肉仔鸡增重的影响差异极显著，高能量的饲料优于低能量饲料。

在 A:B 列录入统计数据后，将 C:G 列向下填充至与 A:B 列数据平齐，本程序可自动选择小样本或大样本计算概率。

【例3-13】 现测得克山病流行区的健康者 13 人和急性克山病患者 11 人的血磷值，数据如图 3-38 所示。请分析健康者和克山病患者的血磷值有无差异。

H_0: 样本 1 总体的中位数 = 样本 2 总体的中位数；

H_A: 样本 1 总体的中位数 ≠ 样本 2 总体的中位数

A1 代表健康人，A2 代表病患者，将数据录入图 3-31 的 A:B 列，并将 C:G 列向下填充至与 A:B 列数据平齐，即可得出结果，如图 3-33 所示。

	A	B	C	D	E	F	G	H	I	J	K	L
1	组别	数据	排位	排位分组	结t_i	$t_i^3-t_i$	秩次	二个样本的wilcoxon秩-和检验				
2	A1	1.67	1	1	1	0	1		组别	n	秩和	
3	A1	1.98	2	2	2	6	2.5		A1	13	123.5	
4	A1	1.98	2	3	0	0	2.5		A2	11	176.5	
5	A1	2.33	4	4	1	0	4					
6	A1	2.34	5	5	1	0	5		n_1	11	$n_1 n_2$	143
7	A1	2.5	6	6	1	0	6		n_2	13	n_1+n_2	24
8	A1	3.6	9	7	1	0	9		统计量	176.5		
9	A1	3.73	10	8	1	0	11					
10	A1	4.14	13	9	1	0	13	小样本($4 \leqslant n_1, n_2 < 10$)				
11	A1	4.17	14	10	3	24	14	$T_{l\,0.05}$	31	$T_{l\,0.01}$	26	
12	A1	4.57	16	11	0	0	16	$T_{r\,0.05}$	65	$T_{r\,0.01}$	70	
13	A1	4.82	18	12	0	0	18	结论				
14	A1	5.78	21	13	0	0	21.5					
15	A2	2.6	7	14	1	0	7	大样本($n_1, n_2 \geqslant 10$)				
16	A2	3.24	8	15	1	0	8	u	2.23347			
17	A2	3.73	10	16	1	0	11	双尾p	0.02552			
18	A2	4.32	15	17	1	0	15	单尾p	0.01276			
19	A2	4.73	17	18	1	0	17					
20	A2	5.18	19	19	1	0	19					
21	A2	5.58	20	20	1	0	20					
22	A2	5.78	21	21	2	6	21.5					
23	A2	6.4	23	22	0	0	23					
24	A2	6.53	24	23	1	0	24					
25	A2	3.73	10	24	1	0	11					

图 3-33 统计结果

本题为大样本，$u = 2.23347$，双尾概率值 $p < 0.05$，差异显著，接受 H_A，即健康人和克山病患者之间的血磷值有显著差异，克山病患者的血磷值高于健康人的血磷值。如进行单尾检验，单尾概率值 $p < 0.05$，差异显著，接受 H_A。

4 卡方检验

4.1 假设检验原理

对计数资料和属性资料的假设检验可采用 χ^2 检验，方法是将观测次数（O）整理成观察列联表（r 为行数、c 为列数），并计算相应的理论次数（E 或 $E_{ij} \geq 5$），检验程序见表 4-1。

表 4-1　卡方检验

H_0	H_A	统计量	否定 H_0 条件
$O = E$	$O \neq E$	$\chi^2 = \sum\limits_{i=1}^{r} \sum\limits_{j=1}^{c} \dfrac{(O_{ij} - E_{ij})^2}{E_{ij}}\,(df > 1)$ $\chi_c^2 = \sum\limits_{i=1}^{r} \sum\limits_{j=1}^{c} \dfrac{(\mid O_{ij} - E_{ij} \mid - 0.5)^2}{E_{ij}}\,(df = 1)$ $df = (r-1)(c-1)$ 或 $df = c-1$	χ^2 或 $\chi_c^2 > \chi_{\alpha(df)}^2$ 或 $p < \alpha$

4.2 适合性检验

适合性检验判断样本数据是否符合已知理论或学说。对于 $E_{ij} \geq 5$，与 2.2.2 节中的 u 检验相同。若其中一个 $E_{ij} < 5$ 时，应用 2.2.1 节精确法检验；也可并组或增大样本容量，以满足 $E_{ij} \geq 5$。

【例 4-1】　对【例 2-6】进行适合性检验。

H_0：F_2 代性状分离符合 3：1，H_A：F_2 代性状分离不符合 3：1

$df = c - 1 = 2 - 1 = 1$，因此计算 χ^2 需要矫正。

数据格式化如图 4-1 所示。

	A	B	C	D
1		紫花	白花	总数
2	观测次数 O	208	81	
3	理论概率 E	3/4	1/4	
4	理论次数			
5	$(\mid O-E \mid -0.5)^2/E$			
6	c			
7	df			
8	χ_c^2			
9	右尾概率 p			

图 4-1　数据格式化

在 D2 单元格输入"=SUM(B2:C2)",回车。

在 B4 单元格输入"=$D$2*B3",回车;拖动 B4 单元格填充柄至 C4 单元格。

在 B5 单元格输入"=POWER(ABS(B2-B4)-0.5,2)/B4",回车;拖动 B5 单元格填充柄至 C5 单元格。

在 B7 单元格输入"=B6-1",回车。

在 B8 单元格输入"=SUM(B5:C5)",回车。

在 B9 单元格输入"=CHISQ.DIST.RT(B8,B7)",回车。

结果如图 4-2 所示。

	A	B	C	D
1		紫花	白花	总数
2	观测次数O	208	81	289
3	理论概率E	3/4	1/4	
4	理论次数	216.75	72.25	
5	$(\lvert O-E\rvert-0.5)^2/E$	0.314014	0.942042	
6	c	2		
7	df	1		
8	χ_c^2	1.256055		
9	右尾概率p	0.262399		

图 4-2 统计结果

由于 $p=0.2624>0.05$,所以接受 H_0,即 F_2 代性状分离符合 3:1。

【例 4-2】 在研究牛的毛色和角的有无两对相对性状分离现象时,用黑色无角牛和红色有角牛杂交,子二代出现黑色无角牛 192 头,黑色有角牛 78 头,红色无角牛 72 头,红色有角牛 18 头,共 360 头。问这两对性状是否符合孟德尔遗传规律中 9:3:3:1 的遗传比例?

由于 $df=c-1=4-1=3>1$,可先计算 χ^2 再计算概率,也可先计算概率后计算 χ^2。

H_0:F_2 代性状分离符合 9:3:3:1,H_A:F_2 代性状分离不符合 9:3:3:1

(1)先计算 χ^2 再计算概率。

数据格式化如图 4-3 所示。

在 F2 单元格输入"=SUM(B2:E2)",回车。

在 B4 单元格输入"=$F$2*B3",回车;拖动 B4 单元格填充柄至 E4 单元格。

在 B5 单元格输入"=POWER(B2-B4,2)/B4",回车;拖动 B5 单元格填充柄至 E5 单元格。

在 B7 单元格输入"=B6-1",回车。

在 B8 单元格输入"=SUM(B5:E5)",回车。

	A	B	C	D	E	F
1		黑色无角	黑色有角	红色无角	红色有角	总数
2	观测次数O	192	78	72	18	
3	理论概率E	9/16	3/16	3/16	1/16	
4	理论次数					
5	$(O\text{-}E)^2/E$					
6	c	4				
7	df					
8	χ^2					
9	右尾概率p					

图4-3　数据格式化

在 B9 单元格输入“=CHISQ. DIST. RT(B8，B7)”，回车。
结果如图4-4所示。

	A	B	C	D	E	F
1		黑色无角	黑色有角	红色无角	红色有角	总数
2	观测次数O	192	78	72	18	360
3	理论概率E	9/16	3/16	3/16	1/16	
4	理论次数	202.5	67.5	67.5	22.5	
5	$(O\text{-}E)^2/E$	0.544444	1.633333	0.3	0.9	
6	c	4				
7	df	3				
8	χ^2	3.377778				
9	右尾概率p	0.336963				

图4-4　统计结果

（2）可先计算概率后计算χ^2。
数据格式化如图4-5所示。

	A	B	C	D	E	F
1		黑色无角	黑色有角	红色无角	红色有角	总数
2	观测次数O	192	78	72	18	
3	理论概率E	9/16	3/16	3/16	1/16	
4	理论次数					
5	c	4				
6	df					
7	χ^2					
8	右尾概率p					

图4-5　数据格式化

在 F2 单元格输入“=SUM(B2：E2)”，回车。
在 B4 单元格输入“=$\$F\$2*B3$”，回车；拖动 B4 单元格填充柄至 E4 单元格。

在 B6 单元格输入 "=B5-1", 回车。

在 B8 单元格输入 "=CHISQ. TEST(B2:E2,B4:E4)", 回车。

在 B7 单元格输入 "=CHISQ. INV. RT(B8,B6)", 回车。

结果如图 4-6 所示。

	A	B	C	D	E	F
1		黑色无角	黑色有角	红色无角	红色有角	总数
2	观测次数O	192	78	72	18	360
3	理论概率E	9/16	3/16	3/16	1/16	
4	理论次数	202.5	67.5	67.5	22.5	
5	c	4				
6	df	3				
7	χ^2	3.377778				
8	右尾概率p	0.336963				

图 4-6　统计结果

从图 4-4 和图 4-6 可以看出, 两种方法的 χ^2 值和概率值均相同。推荐直接计算概率, 这样就可直接删除图中的 5~7 行, 进一步简化计算步骤。

本题概率 $p = 0.336963 > 0.05$, 所以接受 H_0, 即 F_2 代性状分离符合 9:3:3:1。

4.3　独立性检验

4.3.1　2×2 列联表

2×2 列联表所有的 $E_{ij} \geq 5$, 独立性检验与 3.2.2 的 u 检验是相同的, 可任选其一。如果其中一个 $E_{ij} < 5$ 时, 用 3.2.1 节精确检验法; 也可并组或增大样本容量, 以满足所有的 $E_{ij} \geq 5$。2×2 列联表 $df = (r-1)(c-1) = (2-1)(2-1) = 1$, 因此计算 χ^2 需要矫正。

【例 4-3】 对【例 3-7】进行独立性检验。

H_0: 两种农药杀虫效果相同; H_A: 两种农药杀虫效果不同

数据格式化如图 4-7 所示。

在 C5 单元格输入 "=C4*$E$2/$E$4", 回车; 拖动 C5 单元格填充柄至 D5 单元格。

在 C6 单元格输入 "=C4*$E$3/$E$4", 回车; 拖动 C6 单元格填充柄至 D6 单元格。

在 C7 单元格输入 "=POWER(ABS(C2-C5)-0.5,2)/C5", 回车; 拖动 C7 单元格填充柄至 D8 单元格。

在 B10 单元格输入 "=SUM(C7:D8)", 回车。

	A	B	C	D	E	F
1	观测次数	农药	死亡	存活	总计	死亡率
2		A杀虫剂	15	10	25	60.00%
3		B杀虫剂	9	15	24	37.50%
4		总计	24	25	49	
5	理论次数	A杀虫剂				
6		B杀虫剂				
7	$(|O-E|-0.5)^2/E$					
8						
9	df	1				
10	χ_c^2					
11	右尾概率p					

图 4-7 数据格式化

在 B11 单元格输入 "=CHISQ. DIST. RT(B9,B10)",回车。

结果如图 4-8 所示。

	A	B	C	D	E	F
1	观测次数	农药	死亡	存活	总计	死亡率
2		A杀虫剂	15	10	25	60.00%
3		B杀虫剂	9	15	24	37.50%
4		总计	24	25	49	
5	理论次数	A杀虫剂	12.2449	12.7551		
6		B杀虫剂	11.7551	12.2449		
7	$(|O-E|-0.5)^2/E$		0.41531	0.3987		
8			0.43262	0.41531		
9	df	1				
10	χ_c^2	1.661951				
11	右尾概率p	0.19734				

图 4-8 统计结果

本题概率 $p=0.19734>0.05$,所以接受 H_0,即两种农药杀虫效果相同。

4.3.2 $r×c$ 列联表

当 $r \geq 2$、$c \geq 3$ 或 $c \geq 2$、$r \geq 3$,即为 $r×c$ 列联表,要求 $E_{ij} \geq 5$。若 $r \geq 3$,$E_{ij} < 5$,只能用 kruskal-wallis 检验,见 5.2 节【例5-7】;而 $r \geq 3$,$E_{ij} \geq 5$ 时,χ^2 检验与 kruskal-wallis 检验可任选一种。

【例4-4】 某医院用碘剂治疗地方性甲状腺肿,不同年龄的治疗效果如图 4-9 所示,请检验不同年龄的治疗效果有无差异。

H_0:治疗效果与年龄无关;H_A:治疗效果与年龄有关,即不同年龄治疗效果不同

(1) 整体检验。

数据格式化如图 4-9 所示。

	A	B	C	D	E	F	G
1	观测次数	年龄(岁)	治愈	显效	好转	无效	总计
2		11—30	67	9	10	5	91
3		31—50	32	23	20	4	79
4		50以上	30	20	18	8	76
5		总计	129	52	48	17	246
6	理论次数	11—30					
7		31—50					
8		50以上					
9	r	3					
10	c	4					
11	df						
12	χ^2						
13	右尾概率p						

图4-9 数据格式化

在 C6 单元格输入"=C5*\$G\$2/\$G\$5",回车;拖动 C6 单元格填充柄至 F6 单元格。

在 C7 单元格输入"=C5*\$G\$3/\$G\$5",回车;拖动 C7 单元格填充柄至 F7 单元格。

在 C8 单元格输入"=C5*\$G\$4/\$G\$5",回车;拖动 C8 单元格填充柄至 F8 单元格。

在 B11 单元格输入"=(B9-1)*(B10-1)",回车。

在 B13 单元格输入"=CHISQ. TEST(C2:F4,C6:F8)",回车。

在 B12 单元格输入"=CHISQ. INV. RT(B13,B11)",回车。

结果如图 4-10 所示。

本题概率 $p=6.99\times10^{-5}<0.01$,差异极显著,接受 H_A,即治疗效果与年龄有关,即不同年龄治疗效果不同。

为了进一步了解各年龄治疗效果,可将 3×4 列联表拆成 3 个 2×4 列联表,再进行独立性检验。现在只列出结果,操作过程与以上基本相同,由读者自行完成。

(2) 11~30 岁与 31~50 岁比较,如图 4-11 所示。

概率 $p=9.56\times10^{-5}<0.01$,说明 11~30 岁与 31~50 岁年龄段间治疗效果差异极显著。

(3) 11~30 岁与 50 岁以上比较,如图 4-12 所示。

概率 $p=0.000163<0.01$,说明 11~30 岁与 50 岁以上年龄段间治疗效果差异极显著。

(4) 31~50 岁与 50 岁以上比较,如图 4-13 所示。

	A	B	C	D	E	F	G
1	观测次数	年龄(岁)	治愈	显效	好转	无效	总计
2		11—30	67	9	10	5	91
3		31—50	32	23	20	4	79
4		50以上	30	20	18	8	76
5		总计	129	52	48	17	246
6	理论次数	11—30	47.7195	19.2358	17.7561	6.28862	
7		31—50	41.4268	16.6992	15.4146	5.45935	
8		50以上	39.8537	16.065	14.8293	5.25203	
9	r	3					
10	c	4					
11	df	6					
12	χ^2	28.68118					
13	右尾概率p	6.99E-05					

图 4-10　统计结果

	A	B	C	D	E	F	G
1	观测次数	年龄(岁)	治愈	显效	好转	无效	总计
2		11—30	67	9	10	5	91
3		31—50	32	23	20	4	79
4		总计	99	32	30	9	170
5	理论次数	11—30	52.9941	17.1294	16.0588	4.81765	
6		31—50	46.0059	14.8706	13.9412	4.18235	
7	r	2					
8	c	4					
9	df	3					
10	χ^2	21.20177					
11	右尾概率p	9.56E-05					

图 4-11　11~30 岁与 31~50 岁的比较结果

	A	B	C	D	E	F	G
1	观测次数	年龄(岁)	治愈	显效	好转	无效	总计
2		11—30	67	9	10	5	91
3		50以上	30	20	18	8	76
4		总计	97	29	28	13	167
5	理论次数	11—30	52.8563	15.8024	15.2575	7.08383	
6		50以上	44.1437	13.1976	12.7425	5.91617	
7	r	2					
8	c	4					
9	df	3					
10	χ^2	20.07852					
11	右尾概率p	0.000163					

图 4-12　11~30 岁与 50 岁以上的比较结果

	A	B	C	D	E	F	G
1	观测次数	年龄(岁)	治愈	显效	好转	无效	总计
2		31—50	32	23	20	4	79
3		50以上	30	20	18	8	76
4		总计	62	43	38	12	155
5	理论次数	31—50	31.6	21.9161	19.3677	6.11613	
6		50以上	30.4	21.0839	18.6323	5.88387	
7	r	2					
8	c	4					
9	df	3					
10	χ^2	1.65497					
11	右尾概率p	0.646991					

图 4-13 31~50 岁与 50 岁以上的比较结果

概率 $p=0.646991>0.05$，说明 31~50 岁与 50 岁以上年龄段间治疗效果差异不显著。

5 多个样本的假设检验

本章数字资源

5.1 符合正态分布的多个样本假设检验

多个样本（完全随机设计）的假设检验采用方差分析法。要求各组数据无异常值，符合正态分布，见1.2节和1.3节。

5.1.1 单因素方差分析

有 $k(\geqslant3)$ 组数据，每组有 n 或 n_i 个重复数。

5.1.1.1 方差齐性检验

各组数据除了满足无异常值和符合正态分布外，还要求各组方差齐性或相同。方差齐性检验采用 Levene 检验。

H_0：各组方差齐性(相同)；H_A：各组方差不齐(不全相同)

首先按公式 $y_{ij}=\mid x_{ij}-\bar{x}_i.\mid$ 进行数据转换，y_{ij} 是转换后的数据，x_{ij} 是原始数据，$\bar{x}_i.$ 是各组的平均数。然后按表 5-1 对 y_{ij} 进行方差分析（用 y_{ij} 代替 x_{ij}，W 代替 F），如果 $W\geqslant F_{0.05}$，$p\leqslant0.05$，接受 H_A，方差不齐；如果 $W<F_{0.05}$，$p>0.05$，接受 H_0，方差齐性。

5.1.1.2 F 检验

各组数据满足无异常值、符合正态分布、方差齐性3个条件，就可对样本数据进行单因素方差分析，见表 5-1。

H_0：$\sigma_t^2=\sigma_e^2$，处理效应与误差无显著性差异；H_A：$\sigma_t^2>\sigma_e^2$

表 5-1 单因素方差分析（符合正态分布）

变异来源	SS	df	MS	F	$F_{0.05}$	$F_{0.01}$
组间	$SS_t=\dfrac{\sum T_{i.}^2}{n}-\dfrac{T^2}{nk}$	$df_t=k-1$	$MS_t=\dfrac{SS_t}{df_t}$	$F=\dfrac{MS_t}{MS_e}$	$F_{df_t,\ df_e,\ 0.05}$	$F_{df_t,\ df_e,\ 0.01}$
组内	$SS_e=SS_T-SS_t$	$df_e=df_T-df_t$	$MS_e=\dfrac{SS_e}{df_e}$			
总计	$SS_T=\sum x_{ij}^2-\dfrac{T^2}{nk}$	$df_T=nk-1$				

表 5-1 是各组重复数相等时的分析方法；如果组内重复数不相等时，$SS_T = \sum x_{ij}^2 - T^2/\sum n_i$，$SS_t = \sum (T_{i\cdot}^2/n_i) - T^2/\sum n_i$，$df_T = \sum n_i - 1$，其余计算方法相同。

如果 $F < F_{df_t, df_e, 0.05}$，则 $p > 0.05$，处理间差异不显著，接受 H_0：说明处理间的变异是由误差引起的。$F \geqslant F_{df_t, df_e, 0.05}$，则 $p \leqslant 0.05$，处理间差异显著，接受 H_A；$F \geqslant F_{df_t, df_e, 0.01}$，则 $p \leqslant 0.01$，处理间差异极显著，接受 H_A。

5.1.1.3 多重比较

如果 5.1.1.2 F 检验结果是处理间差异显著或极显著，需对各组平均数作多重比较，常用 SSR 法。

$$H_0：各组平均数全都相同；H_A：各组平均数不全相同$$

$$LSR_\alpha = s_{\bar{x}} \times SSR_\alpha$$

式中　LSR_a——最小显著极差；

　　　SSR_a——邓肯新复极差（附表 6，$df = df_e$，$M = 2$，3，$\cdots$，k）；

　　　$s_{\bar{x}}$——标准误，各组重复数相等时 $s_{\bar{x}} = \sqrt{MS_e/n}$，各组重复数不相等时

$$s_{\bar{x}} = \sqrt{MS_e/n_0}, \quad n_0 = \frac{(\sum n_i)^2 - \sum n_i^2}{(\sum n_i)(k-1)}。$$

将各平均数按大小顺次排列，用各个 M 的 LSR_α 检验各平均数两极差的显著性：凡两极差小于 LSR_α，差异不显著；两极差大于等于 LSR_α，差异显著或极显著。多重比较结果有梯形法和字母标记法两种，详见相关统计学教材。

应用 Microsoft Excel "数据分析" 中的 "方差分析：单因素方差分析"。"数据分析" 加载方法见 1.4 节【例 1-6】（2）。多重比较时，在 Excel 中梯形法较容易实现，字母标记法较难实现，可在梯形法基础上人工完成字母标记法。

【例 5-1】　测定东北、内蒙古、河北、安徽和贵州 5 个地区黄鼬冬季针毛的长度（mm），每个地区随机抽取 4 个样本，测定结果如图 5-1 所示。请比较各地区黄鼬针毛长度的差异显著性。

（1）方差分析应满足的条件。

经检验，5 个地区的黄鼬冬季针毛的长度均无异常值，均符合正态分布。下面介绍方差齐性检验，数据格式化如图 5-1 所示。

在 F2 单元格输入 "=AVERAGE(B2:E2)"，回车；拖动 F2 单元格填充柄至 F6 单元格；

在 B8 单元格输入 "=ABS(B2-\$F2)"，回车；拖动 B8 单元格填充柄至 E12 单元格。

结果如图 5-2 所示。

	A	B	C	D	E	F
1	地区	重复				平均数
2	东北	32.0	32.8	31.2	30.4	
3	内蒙古	29.2	27.4	26.3	26.7	
4	河北	25.5	26.1	25.8	26.7	
5	安徽	23.3	25.1	25.1	25.5	
6	贵州	22.3	22.5	22.9	23.7	
7	数据转换					
8	东北					
9	内蒙古					
10	河北					
11	安徽					
12	贵州					

图 5-1 数据格式化

	A	B	C	D	E	F
1	地区	重复				平均数
2	东北	32.0	32.8	31.2	30.4	31.600
3	内蒙古	29.2	27.4	26.3	26.7	27.400
4	河北	25.5	26.1	25.8	26.7	26.025
5	安徽	23.3	25.1	25.1	25.5	24.750
6	贵州	22.3	22.5	22.9	23.7	22.850
7	数据转换					
8	东北	0.4	1.2	0.4	1.2	
9	内蒙古	1.8	0	1.1	0.7	
10	河北	0.525	0.075	0.225	0.675	
11	安徽	1.45	0.35	0.35	0.75	
12	贵州	0.55	0.35	0.05	0.85	

图 5-2 统计结果

在 Microsoft Excel 13.0 界面，单击"数据"选项卡，点击"数据分析"，弹出"数据分析"对话框，如图 5-3 所示。

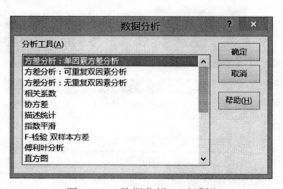

图 5-3 "数据分析"对话框

选择"方差分析：单因素方差分析"，点击"确定"按钮，弹出"方差分析：单因素方差分析"对话框，如图 5-4 所示。

	A	B	C	D	E
7			数据转换		
8	东北	0.4	1.2	0.4	1.2
9	内蒙古	1.8	0	1.1	0.7
10	河北	0.525	0.075	0.225	0.675
11	安徽	1.45	0.35	0.35	0.75
12	贵州	0.55	0.35	0.05	0.85

图 5-4 "方差分析：单因素方差分析"对话框

在"输入区域"中选取或输入"$A$8:$E$12"，"分组方式"选"行"，勾选"标志位于第一行"，其他默认，具体如图 5-5 所示。单击"确定"按钮后，结果如图 5-6 所示。

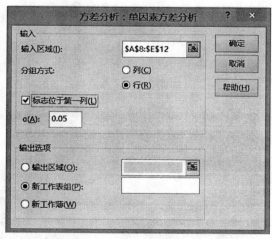

图 5-5 "方差分析：单因素方差分析"对话框填写内容

	A	B	C	D	E	F	G
12	方差分析						
13	差异源	SS	df	MS	F	P-value	F crit
14	组间	0.825	4	0.20625	0.8333333	0.5247523	3.0555683
15	组内	3.7125	15	0.2475			
16							
17	总计	4.5375	19				

图 5-6 统计结果

在图 5-6 中，E14 就是 W 值，F14 是 W 值所对应的概率。由于 $p=0.5247523>0.05$，所以 5 个地区的黄鼬冬季针毛的长度方差齐性。

（2）F 检验。

5 组数据均满足方差分析的 3 个条件，因此对样本数据进行方差分析。

在 Microsoft Excel 13.0 界面，单击“数据”选项卡，点击“数据分析”，弹出“数据分析”对话框。选择“方差分析：单因素方差分析”，点击“确定”按钮，弹出“方差分析：单因素方差分析”对话框。在“输入区域”中选取或输入“\$A\$2:\$E\$6”，“分组方式”选“行”，勾选“标志位于第一行”，“输出区域”选取或输入“\$A\$7”其他默认，具体如图 5-7 所示。单击“确定”按钮后，结果如图 5-8 所示。

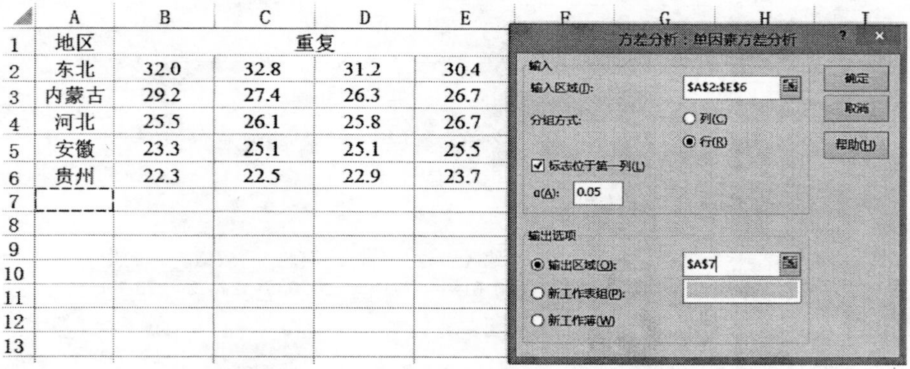

图 5-7 “方差分析：单因素方差分析”对话框

	A	B	C	D	E	F	G
7	方差分析：单因素方差分析						
8							
9	SUMMARY						
10	组	观测数	求和	平均	方差		
11	东北	4	126.4	31.6	1.0666667		
12	内蒙古	4	109.6	27.4	1.6466667		
13	河北	4	104.1	26.025	0.2625		
14	安徽	4	99	24.75	0.97		
15	贵州	4	91.4	22.85	0.3833333		
16							
17							
18	方差分析						
19	差异源	SS	df	MS	F	P-value	F crit
20	组间	173.71	4	43.4275	50.156882	1.659E-08	3.0555683
21	组内	12.9875	15	0.8658333			
22							
23	总计	186.6975	19				

图 5-8 统计结果

A9:E15 区域为各数数据的描述性统计结果，A19:G23 为方差分析结果。在本题中 F 值 $=50.156882$，所对应的概率 $p=1.659\times10^{-8}<0.01$，差异极显著，说明 5 个地区的黄鼬冬季针毛长度差异极显著。

（3）多重比较。

查附表 6，$df_e=15$，$M=2$、3、4、5 时的 $SSR_{0.05}$ 和 $SSR_{0.01}$ 录入 B26:E27；将各组平均数从大到小排列录入 A31:B36 和 E30:H31。

数据格式化如图 5-9 所示。

	A	B	C	D	E	F	G	H
19	差异源	SS	df	MS	F	P-value	F crit	
20	组间	173.71	4	43.4275	50.1568816	1.659E-08	3.0555683	
21	组内	12.9875	15	0.8658333				
22								
23	总计	186.6975	19					
24		$s_{\bar{x}}$						
25	M	2	3	4	5			
26	$SSR_{0.05}$	3.01	3.16	3.25	3.31			
27	$SSR_{0.01}$	4.17	4.37	4.5	4.58			
28	$LSR_{0.05}$							
29	$LSR_{0.01}$							
30				地区	内蒙古	河北	安徽	贵州
31	地区	平均数	0.05	0.01	27.4	26.025	24.75	22.85
32	东北	31.6						
33	内蒙古	27.4						
34	河北	26.025						
35	安徽	24.75						
36	贵州	22.85						

图 5-9　数据格式化

在 C24 单元格输入 "=SQRT(D21/4)"，回车。

在 B28 单元格输入 "=\$C\$24 * B26"，回车；并拖动 B28 单元格填充柄至 E29 单元格。

在 E32 单元格输入 "=IF(\$B\$32-E31<B28," NS",IF(\$B\$32-E31<B29," * "," * * "))"，回车；并拖动 E32 单元格填充柄至 H32 单元格。

在 F33 单元格输入 "=IF(\$B\$33-F31<B28," NS",IF(\$B\$33-F31<B29," * "," * * "))"，回车；并拖动 F33 单元格填充柄至 H33 单元格。

在 G34 单元格输入 "=IF(\$B\$34-G31<B28," NS",IF(\$B\$34-G31<B29," * "," * * "))"，回车；并拖动 G34 单元格填充柄至 H34 单元格。

在 H35 单元格输入 "=IF(\$B\$35-H31<B28," NS",IF(\$B\$35-H31<B29," * "," * * "))"，回车。

梯形标记法结果如图 5-10 所示。

	A	B	C	D	E	F	G	H
30				地区	内蒙古	河北	安徽	贵州
31	地区	平均数	0.05	0.01	27.4	26.025	24.75	22.85
32	东北	31.6	a	A	**	**	**	**
33	内蒙古	27.4				NS	**	**
34	河北	26.025					NS	**
35	安徽	24.75						*
36	贵州	22.85						

图 5-10 梯形标记法结果

按字母标记法，$a=0.05$ 时，在 C32 单格输入 "a"；东北与内蒙古（E32 单元格）的显著性为 ＊＊，因此 C33 应输入 "b"；内蒙古与河北（E32 单元格）的显著性为 NS，因此 C34 应输入 "b"；内蒙古与安徽（G33 单元格）的显著性为 ＊＊，因此 C35 应输入 "c"；河北与安徽（G34 单元格）的显著性为 NS，因此 C34 还应输入 "c"；河北与贵州（H34 单元格）的显著性为 ＊＊，因此 C36 应输入 "d"；安徽与贵州（H35 单元格）的显著性为 ＊，因此多重比较结束。$a=0.01$ 时与 $a=0.05$ 的多重比较基本类似，由读者自行完成，结果如图 5-11 所示。

	A	B	C	D	E	F	G	H
30				地区	内蒙古	河北	安徽	贵州
31	地区	平均数	0.05	0.01	27.4	26.025	24.75	22.85
32	东北	31.6	a	A	**	**	**	**
33	内蒙古	27.4	b	B		NS	**	**
34	河北	26.025	bc	BC			NS	**
35	安徽	24.75	c	CD				*
36	贵州	22.85	d	D				

图 5-11 统计结果

字母标记法规定，具有一个相同标记的小写字母，其平均数间差异不显著；具有完全不同标记的小写字母，其平均数间差异显著；具有完全不同标记的大写字母，其平均数间差异极显著。

在本例中，东北与其余 4 个地区的针毛长度差异极显著，内蒙古与安徽和贵州 2 个地区的针毛长度差异极显著，安徽与贵州的针毛长度差异显著；内蒙古与河北（均含有 b）的针毛长度差异不显著，河北与安徽（均含有 c）的针毛长度差异不显著。

【例 5-2】 在食品质量检查中，对 4 个品牌腊肉的酸价进行了随机抽样检测，结果如图 5-12 所示，试分析 4 个品牌腊肉的酸价指标有无差异。

（1）方差分析应满足的条件。

经检验，4 个品牌腊肉的酸价均无异常值，均符合正态分布。按【例 5-1】数据转换，结果如图 5-12 所示。

	A	B	C	D	E	F	G	H	I	J
1	品牌	重复								平均数
2	I	1.6	1.5	2.0	1.9	1.3	1.0	1.2	1.4	1.48750
3	II	1.7	1.9	2.0	2.5	2.7	1.8			2.10000
4	III	0.9	1.0	1.3	1.1	1.9	1.6	1.5		1.32857
5	IV	1.8	2.0	1.7	2.1	1.5	2.5	2.2		1.97143
6	数据转换									
7	I	0.1125	0.0125	0.5125	0.4125	0.1875	0.4875	0.2875	0.0875	
8	II	0.4	0.2	0.1	0.4	0.6	0.3			
9	III	0.42857	0.32857	0.02857	0.22857	0.57143	0.27143	0.17143		
10	IV	0.17143	0.02857	0.27143	0.12857	0.47143	0.52857	0.22857		

图 5-12 随机抽样数据及数据转换

在“方差分析：单因素方差分析”对话框中，输入相关信息，如图 5-13 所示。

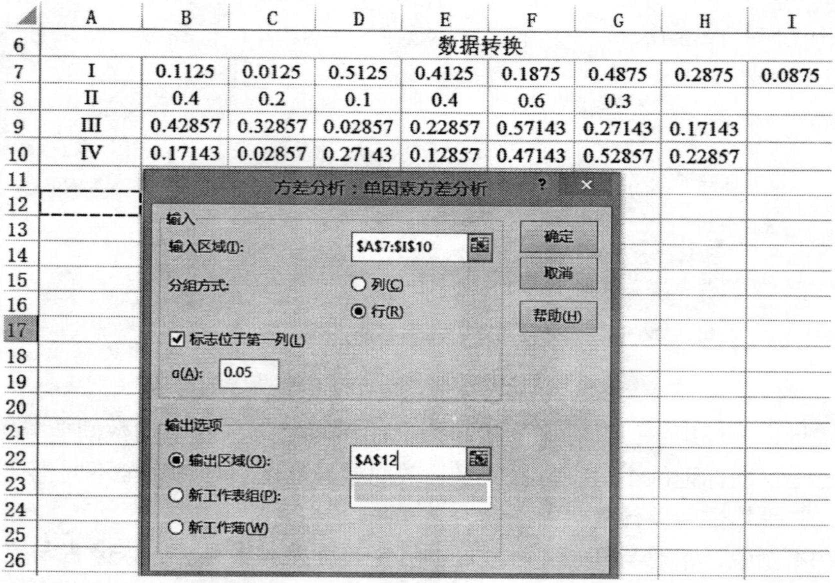

图 5-13 “方差分析：单因素方差分析”对话框

单击“确定”按钮后，结果如图 5-14 所示。

由于 $p=0.8791998>0.05$，因此 4 个品牌腊肉的酸价方差齐性。

（2）方差分析。

4 组数据均满足方差分析的 3 个条件，因此对样本数据进行方差分析，如图 5-15 所示。

单击“确定”按钮后，结果如图 5-16 所示。

	A	B	C	D	E	F	G
22	方差分析						
23	差异源	SS	df	MS	F	P-value	F crit
24	组间	0.0221659	3	0.0073886	0.2233723	0.8791998	3.0087866
25	组内	0.7938654	24	0.0330777			
26							
27	总计	0.8160313	27				

图 5-14　统计结果

	A	B	C	D	E	F	G	H	I
1	品牌				重复				
2	I	1.6	1.5	2.0	1.9	1.3	1.0	1.2	1.4
3	II	1.7	1.9	2.0	2.5	2.7	1.8		
4	III	0.9	1.0	1.3	1.1	1.9	1.6	1.5	
5	IV	1.8	2.0	1.7	2.1	1.5	2.5	2.2	

图 5-15　对样本数据进行方差分析

	A	B	C	D	E	F	G
6	方差分析：单因素方差分析						
7							
8	SUMMARY						
9	组	观测数	求和	平均	方差		
10	I	8	11.9	1.4875	0.1155357		
11	II	6	12.6	2.1	0.164		
12	III	7	9.3	1.3285714	0.1290476		
13	IV	7	13.8	1.9714286	0.112381		
14							
15							
16	方差分析						
17	差异源	SS	df	MS	F	P-value	F crit
18	组间	2.8026786	3	0.9342262	7.286021	0.0012225	3.0087866
19	组内	3.0773214	24	0.1282217			
20							
21	总计	5.88	27				

图 5-16　统计结果

在本题中 $F = 7.286021$，所对应的概率 $p = 0.0012225 < 0.01$，差异极显著，说明 4 个品牌腊肉的酸价差异极显著，需做多重比较。

（3）多重比较。

查附表 6，$df_e = 24$，$M = 2$、3、4 时的 $SSR_{0.05}$ 和 $SSR_{0.01}$ 录入 B23:D25；将各组平均数从大到小排列录入 A29:B33 和 E28:G29。

数据格式化如图 5-17 所示。

	A	B	C	D	E	F	G
9	组	观测数	求和	平均	方差		
10	I	8	11.9	1.4875	0.1155357		
11	II	6	12.6	2.1	0.164		
12	III	7	9.3	1.3285714	0.1290476		
13	IV	7	13.8	1.9714286	0.112381		
14							
15							
16	方差分析						
17	差异源	SS	df	MS	F	P-value	F crit
18	组间	2.8026786	3	0.9342262	7.286021	0.0012225	3.0087866
19	组内	3.0773214	24	0.1282217			
20							
21	总计	5.88	27				
22	n_0		$\approx$		$s_{\bar{x}}$		
23	M	2	3	4			
24	$SSR_{0.05}$	2.92	3.53	3.9			
25	$SSR_{0.01}$	3.96	4.54	4.91			
26	$LSR_{0.05}$						
27	$LSR_{0.01}$						

图 5-17 数据格式化

在 B22 单元格输入 "=(SUM(B10:B13)^2-SUMSQ(B10:B13))/(SUM(B10:B13)*(4-1))"，回车。

在 D22 单元格输入 B22 单元格显示的四舍五入后的整数。

在 F22 单元格输入 "=SQRT(D19/D22)"，回车。

在 B26 单元格输入 "=B24*$F$22"，回车；拖动 B26 单元格填充柄至 D27 单元格。

结果如图 5-18 所示。

按【例 5-1】多重比较的思路和方法，本题多重比较的结果如图 5-19 所示。

	A	B	C	D	E	F	G
16	方差分析						
17	差异源	SS	df	MS	F	P-value	F crit
18	组间	2.8026786	3	0.9342262	7.286021	0.0012225	3.0087866
19	组内	3.0773214	24	0.1282217			
20							
21	总计	5.88	27				
22	n_0	6.97619	≈	7	$s_{\bar{x}}$	0.13534	
23	M	2	3	4			
24	$SSR_{0.05}$	2.92	3.53	3.9			
25	$SSR_{0.01}$	3.96	4.54	4.91			
26	$LSR_{0.05}$	0.3952	0.47776	0.52783			
27	$LSR_{0.01}$	0.53595	0.61445	0.66453			

图 5-18 统计结果

	A	B	C	D	E	F	G
29	品牌	平均数	0.05	0.01	1.9714	1.4875	1.3286
30	II	2.1000	a	A	NS	*	**
31	IV	1.9714	a	A		*	**
32	I	1.4875	b	AB			NS
33	III	1.3286	b	B			

图 5-19 统计结果

5.1.2 双因素方差分析——无重复值

假定 A 因素有 a 个水平、B 因素有 b 个水平，每个处理只有一个观测值。由于试验处理无重复值，所以无法进行异常值检验、正态性检验和方差齐性检验，直接进行方差分析和多重比较。在实践中，不建议使用这样的试验设计，因为无法分解出交互效应及随机误差，结果可靠性较差。

5.1.2.1 F 检验

双因素方差分析（无重复值）见表 5-2。

H_0: $\sigma_A^2 = \sigma_e^2$，A 因素主效应与误差无显著性差异；H_A: $\sigma_A^2 > \sigma_e^2$

H_0: $\sigma_B^2 = \sigma_e^2$，B 因素主效应与误差无显著性差异；H_A: $\sigma_B^2 > \sigma_e^2$

表 5-2 双因素方差分析（无重复值）

变异来源	SS	df	MS	F	$F_{0.05}$	$F_{0.01}$
因素 A	$SS_A = \dfrac{\sum T_{i\cdot}^2}{b} - \dfrac{T^2}{ab}$	$df_A = a - 1$	$MS_A = \dfrac{SS_A}{df_A}$	$F_A = \dfrac{MS_A}{MS_e}$	$F_{df_A,\ df_e,\ 0.05}$	$F_{df_A,\ df_e,\ 0.01}$

变异来源	SS	df	MS	F	$F_{0.05}$	$F_{0.01}$
因素 B	$SS_B = \dfrac{\sum T_{\cdot j}^2}{a} - \dfrac{T^2}{ab}$	$df_B = b - 1$	$MS_B = \dfrac{SS_B}{df_B}$	$F_B = \dfrac{MS_B}{MS_e}$	$F_{df_B,\ df_e,\ 0.05}$	$F_{df_B,\ df_e,\ 0.01}$
误差	$SS_e = SS_T - SS_A - SS_B$	$df_e = df_T - df_A - df_B$	$MS_e = \dfrac{SS_e}{df_e}$			
总计	$SS_T = \sum x^2 - \dfrac{T^2}{ab}$	$df_T = ab - 1$				

5.1.2.2 多重比较

对 5.1.2.1 F 检验中差异不显著的因素各水平，不必进行多重比较；只对差异显著或极显著的因素各水平作多重比较，常用 SSR 法。

H_0：A 因素各水平间平均数全都相同；H_A：A 因素各水平间平均数不全相同

H_0：B 因素各水平间平均数全都相同；H_A：B 因素各水平间平均数不全相同

$$LSR_\alpha = s_{\bar{x}} \times SSR_\alpha$$

式中 LSR_α——最小显著极差；

SSR_α——邓肯新复极差（附表 6，$df = df_e$，$M = 2$，3，$\cdots$，k）；

$s_{\bar{x}}$——标准误，A 因素 $s_{\bar{x}} = \sqrt{MS_e / b}$，$B$ 因素 $s_{\bar{x}} = \sqrt{MS_e / a}$。

多重比较的方法与 5.1.1.3 节相同。

应用 Microsoft Excel 13.0 "数据分析" 中的 "方差分析：无重复双因素分析"。"数据分析" 加载方法见 1.4 节【例 1-6】（2）。

【例 5-3】 为研究雌激素对子宫发育的影响，现有 4 窝不同品系未成年的大白鼠（A_1-A_4），每窝 3 只，随机分别注射 0.2（B_1）、0.4（B_2）、0.8（B_3）mg/100g 剂量的雌激素，在相同条件下试验，并称得它们的子宫质量，如图 5-20 所示，请进行分析。

（1）F 检验。

在 Microsoft Excel 13.0 界面，单击 "数据" 选项卡，点击 "数据分析"，弹出 "数据分析" 对话框，选择 "方差分析：无重复双因素分析"，点击 "确定" 按钮，弹出 "方差分析：无重复双因素分析" 对话框，输入相关信息，如图 5-20 所示。

点击 "确定" 按钮，分析结果如图 5-21 所示。

图 5-21 中，行代表 A 因素，$p = 0.0009923 < 0.01$，差异极显著；列代表 B 因素，$p = 0.0005535 < 0.01$，差异极显著。因此需要对 A 因素各水平之间和 B 因素各水平之间做多重比较。

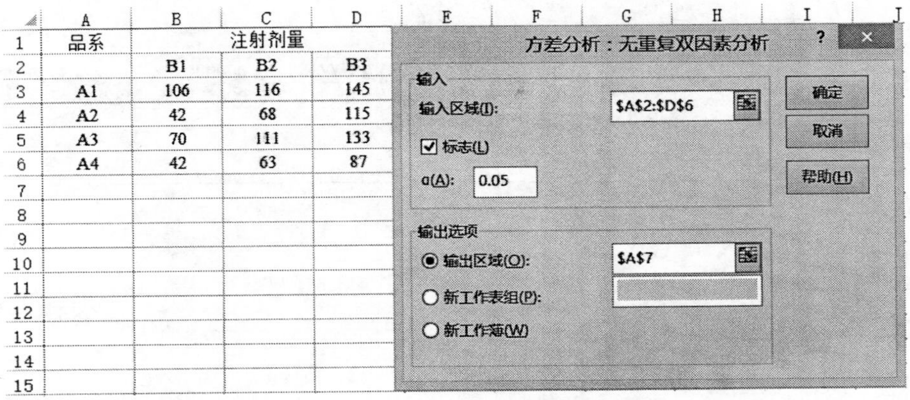

	A	B	C	D	E	F	G	H	I	J
1	品系		注射剂量							
2		B1	B2	B3						
3	A1	106	116	145						
4	A2	42	68	115						
5	A3	70	111	133						
6	A4	42	63	87						

方差分析：无重复双因素分析

输入

输入区域(I): $A$2:$D$6

☑ 标志(L)

α(A): 0.05

输出选项
◉ 输出区域(O): $A$7
○ 新工作表组(P):
○ 新工作簿(W)

确定　取消　帮助(H)

图 5-20　试验数据及"方差分析：无重复双因素分析"对话框

7	方差分析：无重复双因素分析				
8					
9	SUMMARY	观测数	求和	平均	方差
10	A1	3	367	122.33333	410.33333
11	A2	3	225	75	1369
12	A3	3	314	104.66667	1022.3333
13	A4	3	192	64	507
14					
15	B1	4	260	65	921.33333
16	B2	4	358	89.5	776.33333
17	B3	4	480	120	636
18					
19					
20	方差分析				
21	差异源	SS	df	MS	F	P-value	F crit
22	行	6457.6667	3	2152.5556	23.770552	0.0009923	4.7570627
23	列	6074	2	3037	33.537423	0.0005535	5.1432528
24	误差	543.33333	6	90.555556			
25							
26	总计	13075	11				

图 5-21　分析结果

（2）多重比较。

查附表 6，$df_e = 6$，$M = 2$、3、4 时的 $SSR_{0.05}$ 和 $SSR_{0.01}$ 录入 C28：E30。

数据格式化如图 5-22 所示。

在 D27 单元格输入"=SQRT(D24/3)"，回车。

在 G27 单元格输入"=SQRT(D24/4)"，回车。

在 C31 单元格输入"=C29*$D$27"，回车；并拖动 C31 单元格填充柄至 E32 单元格。

在 C33 单元格输入"=C29*$G$27"，回车；并拖动 C33 单元格填充柄至 D34 单元格。

	A	B	C	D	E	F	G
21	差异源	SS	df	MS	F	P-value	F crit
22	行	6457.6667	3	2152.5556	23.770552	0.0009923	4.7570627
23	列	6074	2	3037	33.537423	0.0005535	5.1432528
24	误差	543.33333	6	90.555556			
25							
26	总计	13075	11				
27		A因素	$s_{\bar{x}}$			B因素	$s_{\bar{x}}$	
28		M	2	3	4		
29		$SSR_{0.05}$	3.46	3.58	3.64		
30		$SSR_{0.01}$	5.24	5.51	5.65		
31	A因素	$LSR_{0.05}$					
32		$LSR_{0.01}$					
33	B因素	$LSR_{0.05}$					
34		$LSR_{0.01}$					

图 5-22　数据格式化

结果如图 5-23 所示。

	A	B	C	D	E	F	G
27		A因素	$s_{\bar{x}}$	5.4941046		B因素	$s_{\bar{x}}$	4.7580341
28		M	2	3	4		
29		$SSR_{0.05}$	3.46	3.58	3.64		
30		$SSR_{0.01}$	5.24	5.51	5.65		
31	A因素	$LSR_{0.05}$	19.009602	19.668894	19.998541		
32		$LSR_{0.01}$	28.789108	30.272516	31.041691		
33	B因素	$LSR_{0.05}$	16.462798	17.033762			
34		$LSR_{0.01}$	24.932099	26.216768			

图 5-23　统计结果

按【例 5-1】（3）的思路和方法进行多重比较，本题多重比较的结果如图 5-24 所示。

	A	B	C	D	E	F	G
35				品系	A3	A2	A4
36	品系	平均数	0.05	0.01	104.7	75.0	64.0
37	A1	122.3	a	A	NS	**	**
38	A3	104.7	a	A		**	**
39	A2	75.0	b	B			NS
40	A4	64.0	b	B			
41							
42				剂量	B2	B1	
43	剂量	平均数	0.05	0.01	89.5	65.0	
44	B3	120.0	a	A	**	**	
45	B2	89.5	b	B		*	
46	B1	65.0	c	B			

图 5-24　多重比较的统计结果

5.1.3 双因素方差分析——有重复值

假定 A 因素有 a 个水平、B 因素有 b 个水平，每个处理有 n 次重复。方差分析应满足无异常值、符合正态分布、方差齐性，检验方法分别见 1.2 节、1.3 节和 5.1.1 节。

5.1.3.1 F 检验（固定模型）

H_0：$\sigma_A^2 = \sigma_e^2$，A 因素主效应与误差无显著性差异；H_A：$\sigma_A^2 > \sigma_e^2$

H_0：$\sigma_B^2 = \sigma_e^2$，B 因素主效应与误差无显著性差异；H_A：$\sigma_B^2 > \sigma_e^2$

H_0：$\sigma_{AB}^2 = \sigma_e^2$，$A \times B$ 交互效应与误差无显著性差异；H_A：$\sigma_{AB}^2 > \sigma_e^2$

双因素方差分析见表 5-3。

表 5-3　双因素方差分析（有重复值，符合正态分布）

变异来源	SS	df	MS	F	$F_{0.05}$	$F_{0.01}$
因素 A	$SS_A = \dfrac{\sum T_{i\cdot}^2}{bn} - \dfrac{T^2}{abn}$	$df_A = a-1$	$MS_A = \dfrac{SS_A}{df_A}$	$F_A = \dfrac{MS_A}{MS_e}$	$F_{df_A,\ df_e,\ 0.05}$	$F_{df_A,\ df_e,\ 0.01}$
因素 B	$SS_B = \dfrac{\sum T_{\cdot j}^2}{an} - \dfrac{T^2}{abn}$	$df_B = b-1$	$MS_B = \dfrac{SS_B}{df_B}$	$F_B = \dfrac{MS_B}{MS_e}$	$F_{df_B,\ df_e,\ 0.05}$	$F_{df_B,\ df_e,\ 0.01}$
$A \times B$	$SS_{AB} = \dfrac{\sum T_{ij}^2}{n} - \dfrac{T^2}{abn} - SS_A - SS_B$	$df_{AB} = (a-1)(b-1)$	$MS_{AB} = \dfrac{SS_{AB}}{df_{AB}}$	$F_{AB} = \dfrac{MS_{AB}}{MS_e}$	$F_{df_{AB},\ df_e,\ 0.05}$	$F_{df_{AB},\ df_e,\ 0.01}$
误差	$SS_e = SS_T - SS_A - SS_B - SS_{AB}$	$df_e = df_T - df_A - df_B - df_{AB}$	$MS_e = \dfrac{SS_e}{df_e}$			
总计	$SS_T = \sum x^2 - \dfrac{T^2}{abn}$	$df_T = abn-1$				

5.1.3.2 多重比较

对 5.1.2.1 节 F 检验中差异不显著的因素各水平，不必进行多重比较；只对差异显著或极显著的因素各水平作多重比较，常用 SSR 法。

H_0：A 因素各水平间平均数全都相同；H_A：A 因素各水平间平均数不全相同

H_0：B 因素各水平间平均数全都相同；H_A：B 因素各水平间平均数不全相同

H_0：AB 交互各水平间平均数全都相同；H_A：AB 交互各水平间平均数不全相同

$$LSR_\alpha = s_{\bar{x}} \times SSR_\alpha$$

式中 LSR_{α}——最小显著极差；

SSR_{α}——邓肯新复极差（附表 6，$df=df_e$，$M=2$，3，…，a 和（或）b）；

$s_{\bar{x}}$——标准误，A 因素 $s_{\bar{x}}=\sqrt{MS_e/bn}$，$B$ 因素 $s_{\bar{x}}=\sqrt{MS_e/an}$，$A\times B$：$s_{\bar{x}}=\sqrt{MS_e/n}$。

多重比较的方法与 5.1.1.3 节相同。

应用 Microsoft Excel 13.0 “数据分析” 中的 “方差分析：可重复双因素分析”，可直接统计固定模型的方差分析，但不能直接统计随机模型和混合模型（A 固定 B 随机或 A 随机 B 固定）。“数据分析” 加载方法见 1.4 节【例 1-6】(2)。

【例 5-4】 为选择酒精最适发酵条件，用三种原料 A_1、A_2、A_3，三种温度 30℃(B_1)、35℃(B_2)、40℃(B_3) 进行了试验，所得结果如图 5-25 所示，请进行分析。

	A	B	C	D	E	F
1	处理		重复			平均数
2	A1B1	41	49	23	25	34.50
3	A1B2	11	13	25	24	18.25
4	A1B3	6	22	26	18	18.00
5	A2B1	47	59	50	40	49.00
6	A2B2	43	38	33	36	37.50
7	A2B3	8	22	14	18	15.50
8	A3B1	35	53	50	43	45.25
9	A3B2	38	47	44	55	46.00
10	A3B3	33	26	19	30	27.00

图 5-25 统计结果

经检验，9 组数据（A_1B_1、A_1B_2、…、A_3B_3）均无异常值（1.2），均符合正态分布（1.3），方差齐性（5.1.1 节）。因此对样本数据进行方差分析。数据重新格式化，如图 5-26 所示。

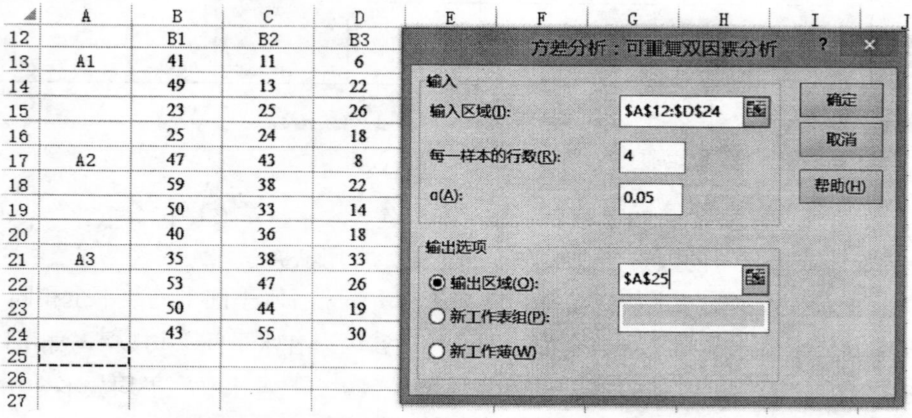

	A	B	C	D
12		B1	B2	B3
13	A1	41	11	6
14		49	13	22
15		23	25	26
16		25	24	18
17	A2	47	43	8
18		59	38	22
19		50	33	14
20		40	36	18
21	A3	35	38	33
22		53	47	26
23		50	44	19
24		43	55	30

图 5-26 数据格式化及 “方差分析：可重复双因素分析” 对话框

（1）*F* 检验。

在 Microsoft Excel 13.0 界面，单击"数据"选项卡，点击"数据分析"，弹出"数据分析"对话框，选择"方差分析：可重复双因素分析"，点击"确定"按钮，弹出"方差分析：可重复双因素分析"对话框，输入相关信息，如图 5-26 所示。单击"确定"按钮后，结果如图 5-27 和图 5-28 所示。

	A	B	C	D	E
25	方差分析：可重复双因素分析				
26					
27	SUMMARY	B1	B2	B3	总计
28	A1				
29	观测数	4	4	4	12
30	求和	138	73	72	283
31	平均	34.5	18.25	18	23.583333
32	方差	158.33333	52.916667	74.666667	142.99242
33					
34	A2				
35	观测数	4	4	4	12
36	求和	196	150	62	408
37	平均	49	37.5	15.5	34
38	方差	62	17.666667	35.666667	242.18182
39					
40	A3				
41	观测数	4	4	4	12
42	求和	181	184	108	473
43	平均	45.25	46	27	39.416667
44	方差	64.25	50	36.666667	125.35606
45					
46	总计				
47	观测数	12	12	12	
48	求和	515	407	242	
49	平均	42.916667	33.916667	20.166667	
50	方差	118.81061	179.90152	66.69697	

图 5-27 统计结果

	A	B	C	D	E	F	G
53	方差分析						
54	差异源	SS	df	MS	F	P-value	F crit
55	样本	1554.1667	2	777.08333	12.666013	0.0001318	3.3541308
56	列	3150.5	2	1575.25	25.675672	5.673E-07	3.3541308
57	交互	808.83333	4	202.20833	3.2958799	0.0253217	2.7277653
58	内部	1656.5	27	61.351852			
59							
60	总计	7170	35				

图 5-28 统计结果

图 5-27 为 *A* 因素、*B* 因素以及 *A*×*B* 交互效应的描述性统计结果包括观测数、和、平均数、方差。

图 5-28 中，样本代表 *A* 因素，$p=0.0001318<0.01$，差异极显著；列代表 *B* 因素，$p=5.673\times10^{-7}<0.01$，差异极显著；交互效应 $p=0.0253217<0.05$，差异

显著。因此需要对 A 因素各水平之间、B 因素各水平之间、交互效应做多重比较。

尽管 Excel 不能直接统计随机模型和混合模型。各模型的 SS、df、MS 值以及 $A×B$ 的 F 值计算方法相同，区别是 A 和 B 因素的 F 值计算方法不同（参见 8.1.2 节）。因此可在固定模型的结果中，重新计算其他模型 A 和 B 因素的 F 值及其对应的 p 值（F. DIST. RT 函数）。

（2）多重比较。

查附表 6，$df = 27$（附表无 df 为 27 的值，可用 df 为 26 的值代替），$M = 2$、$3\cdots$、9 时的 $SSR_{0.05}$ 和 $SSR_{0.01}$ 录入 C62:J64。

数据格式化如图 5-29 所示。

	A	B	C	D	E	F	G	H	I	J
53	方差分析									
54	差异源	SS	df	MS	F	P-value	F crit			
55	样本	1554.1667	2	777.08333	12.666013	0.0001318	3.3541308			
56	列	3150.5	2	1575.25	25.675672	5.673E-07	3.3541308			
57	交互	808.83333	4	202.20833	3.2958799	0.0253217	2.7277653			
58	内部	1656.5	27	61.351852						
59										
60	总计	7170	35							
61	A因素$S_{\bar{x}}$		B因素$S_{\bar{x}}$			交互$S_{\bar{x}}$				
62		M	2	3	4	5	6	7	8	9
63		$SSR_{0.05}$	2.91	3.06	3.14	3.21	3.27	3.30	3.34	3.36
64		$SSR_{0.01}$	3.93	4.11	4.21	4.30	4.36	4.41	4.46	4.50
65	A因素	$LSR_{0.05}$								
66		$LSR_{0.01}$								
67	B因素	$LSR_{0.05}$								
68		$LSR_{0.01}$								
69	交互	$LSR_{0.05}$								
70		$LSR_{0.01}$								

图 5-29　数据格式化

本题 $a = 3$、$b = 3$、$n = 4$。

在 B61 单元格输入"=SQRT(D58/（3 * 4））"，回车。

在 D61 单元格输入"=SQRT(D58/（3 * 4））"，回车。

在 F61 单元格输入"=SQRT(D58/4)"，回车。

在 C65 单元格输入"=C63 *$B$61"，回车；拖动 C65 单元格填充柄至 D66 单元格。

在 C67 单元格输入"=C63 *$D$61"，回车；拖动 C67 单元格填充柄至 D68 单元格。

在 C69 单元格输入"=C63 *$F$61"，回车；拖动 C69 单元格填充柄至 J70 单元格。

结果如图 5-30 所示。

	A	B	C	D	E	F	G	H	I	J
61	A因素$S_{\bar{x}}$	2.261118	B因素$S_{\bar{x}}$	2.261118	交互$S_{\bar{x}}$	3.9163711				
62		M	2	3	4	5	6	7	8	9
63		$SSR_{0.05}$	2.91	3.06	3.14	3.21	3.27	3.30	3.34	3.36
64		$SSR_{0.01}$	3.93	4.11	4.21	4.30	4.36	4.41	4.46	4.50
65	A因素	$LSR_{0.05}$	6.580	6.919						
66		$LSR_{0.01}$	8.886	9.293						
67	B因素	$LSR_{0.05}$	6.580	6.919						
68		$LSR_{0.01}$	8.886	9.293						
69	交互	$LSR_{0.05}$	11.397	11.984	12.297	12.572	12.807	12.924	13.081	13.159
70		$LSR_{0.01}$	15.391	16.096	16.488	16.840	17.075	17.271	17.467	17.624

图 5-30　统计结果

将图 5-27 中 A 因素各水平、B 因素各水平、交互组合按平均数从大到小排列，按【例 5-1】的思路和方法进行多重比较。本题多重比较的结果如图 5-31 和图 5-32 所示。

	A	B	C	D	E	F
71				原料	A2	A1
72	原料	平均数	0.05	0.01	34.00	23.58
73	A3	39.42	a	A	NS	**
74	A2	34.00	a	A		**
75	A1	23.58	b	B		
76				温度	B2	B3
77	温度	平均数	0.05	0.01	33.92	20.17
78	B1	42.92	a	A	**	**
79	B2	33.92	b	B		**
80	B3	20.17	c	C		

图 5-31　比较结果一

	A	B	C	D	E	F	G	H	I	J	K	L
81				交互	A3B2	A3B1	A2B2	A1B1	A3B3	A1B2	A1B3	A2B3
82	交互	平均数	0.05	0.01	46.00	45.25	37.50	34.50	27.00	18.25	18.00	15.50
83	A2B1	49.00	a	A	NS	NS	NS	*	**	**	**	**
84	A3B2	46.00	ab	A		NS	NS	NS	**	**	**	**
85	A3B1	45.25	ab	A			NS	NS	**	**	**	**
86	A2B2	37.50	abc	AB				NS	NS	**	**	**
87	A1B1	34.50	bc	AB					NS	**	**	**
88	A3B3	27.00	cd	BC						NS	NS	NS
89	A1B2	18.25	d	C							NS	NS
90	A1B3	18.00	d	C								NS
91	A2B3	15.50	d	C								

图 5-32　比较结果二

5.2　多个样本的非参数检验法

不符合正态分布或方差不齐性（需保留异常值），或者满足 2.3 节非参数假设检验条件的多个样本数据，可采用 kruskal-wallis 检验法（也称 H 检验，类似于方差分析）和 kruskal-wallis 两两比较（类似于多重比较）。

5.2.1　kruskal-wallis 秩和检验

设有 k 个样本，每组样本容量为 n_i；当 $k=3$ 且 $n_i \leq 5$ 时，为小样本；当 $k>3$ 或 $n_i>5$ 时，为大样本。

H_0：各总体的处理效应相同；H_A：各总体的处理效应不完全相同

（1）将 k 个样本数据全部混合，从小到大排列并编秩次，相同数据（"结"）用平均秩次代替"结"中每一个数据。

（2）计算每一组的秩和 R_i。

（3）计算 H。

无"结"时：　　$H = H^* = \dfrac{12}{n(n+1)} \sum \dfrac{R_i^2}{n_i} - 3(n+1)$

有"结"时：　　$H = \dfrac{H^*}{L}$，$L = 1 - \dfrac{\sum\limits_1^g (t_j^3 - t_j)}{n^3 - n}$

式中　L——校正系数；

$\qquad n = \sum n_i$；

$\qquad R_i$——第 i 个样本的秩和；

$\qquad n_i$——第 i 个样本的样本容量；

$\qquad g$——"结"的个数；

$\qquad t_j$——第 j 组"结"中的相同数据的个数。

（4）结论。

当为小样本时，令 $n_1 \leq n_2 \leq n_3$ 查附表 7，得临界值 $H_{0.05}$ 和 $H_{0.01}$。若 $H<H_{0.05}$，$p>0.05$，差异不显著，接受 H_0；若 $H_{0.05} \leq H<H_{0.01}$，$0.01<p \leq 0.05$，差异显著，接受 H_A；若 $H \geq H_{0.01}$，$p \leq 0.01$，差异极显著，接受 H_A。

当为大样本时，H 近似地呈自由度为 $k-1$ 的 χ^2 分布，可对 H 进行 χ^2 检验。若 $H \leq \chi^2_{0.05}$，$p>0.05$，差异不显著，接受 H_0；$H>\chi^2_{0.05}$，$p<0.05$，差异显著，接受 H_A；$H>\chi^2_{0.01}$，$p<0.01$，差异极显著，接受 H_A。

5.2.2　kruskal-wallis 两两比较

kruskal-wallis 秩和检验只能说明各总体的处理效应不完全相同，但不能指出哪两个总体相同或存在差异，因此需要多重比较。

常用 Dunn 法进行 kuskal-wallis 两两比较，比较第 i 个与第 j 个总体，方法如下：

（1）计算统计量 u_{ij}。

$$u_{ij} = \frac{|\overline{R}_i - \overline{R}_j|}{\sqrt{\frac{n(n+1)}{12} \times \left(\frac{1}{n_i} + \frac{1}{n_j}\right)}}$$

式中　分子——差值；

　　　分母——标准误；

　　　$\overline{R}_i$——第 i 个样本的平均秩；

　　　n_i——第 i 个样本的样本容量；

　　　$\overline{R}_j$——第 j 个样本的平均秩；

　　　n_j——第 j 个样本的样本容量；

　　　n——所有样本的样本容量之和。

（2）结论。

$$\alpha^* = \alpha/k(k-1)$$

$|u_{ij}|$ >单尾 $u_{0.05^*}$ ，或 $p = p*k(k-1) < 0.05$ （$p*$ 为 $|u_{ij}|$ 对应的概率），则第 i 个与第 j 个总体差异显著；$|u_{ij}|$ >单尾 $u_{0.01^*}$ ，或 $p < 0.01$ ，则第 i 个与第 j 个总体差异极显著；$|u_{ij}|$ ≤单尾 $u_{0.05^*}$ ，或 $p \geqslant 0.05$ ，则第 i 个与第 j 个总体差异不显著。

【例5-5】　比较三种青霉素的抑菌效力，采用牛津杯测定了抑菌圈直径（mm），所得结果如图5-33所示，请分析三种青霉素抑菌效力是否存在显著差异。

经检验这三个样本数据无异常值，A1 和 A3 服从正态分布，A2 不服从正态分布，三个样本方差不齐性，不能应用 5.1.1 节单因素方差分析，因此采用 kruskal-wallis 检验法。本题 $k = 3$ 且 $n_i \leqslant 5$ ，为小样本。

H_0 ：各总体的处理效应相同；H_A ：各总体的处理效应不完全相同

（1）秩和检验。

数据格式化如图5-33所示。

在 C2 单元格输入" =RANK. EQ(B2,B:B,1)"，回车；拖动 C2 单元格填充柄至 C12 单元格。

在 E2 单元格输入" =COUNTIF(C:C,D2)"，回车；拖动 E2 单元格填充柄至 E12 单元格。

在 F2 单元格输入" =POWER(E2,3)-E2"，回车；拖动 F2 单元格填充柄至 F12 单元格。

在 G2 单元格输入" =POWER(E2,3)-E2"，回车；拖动 G2 单元格填充柄至 G12 单元格。

在 I2 单元格输入" =DCOUNT(A:B,"数据",H1:H2)"，回车；拖动 I2 单元格填充柄至 I4 单元格。

	A	B	C	D	E	F	G	H	I	J	K	L	M	N
1	组别	数据	排位	排位分组	结t_i	$t_i^3-t_i$	秩次	组别	n_i	秩和R_i	平均秩$\overline{R_i}$	R_i^2/n_i	H检验	
2	A1	33	1					A1					k	
3	A1	32	2					A2					n	
4	A1	32	3					A3					H^*	
5	A2	20	4					A4					L	
6	A2	15	5					A5					H	
7	A2	20	6					A6					$H_{0.05}$	
8	A2	15	7					A7					$H_{0.01}$	
9	A3	20	8					A8					p	
10	A3	15	9					A9					$\chi^2_{0.05}$	
11	A3	8	10					A10					$\chi^2_{0.01}$	
12	A3	11	11										p	
13														
14													结论	
15													p	

图 5-33 数据格式化

在 J2 单元格输入 "=DSUM(A:G,"秩次",H1:H2)"，回车。

在 J3 单元格输入 "=DSUM(A:G,"秩次",\$H\$1:H3)-SUM(\$J\$2:J2)，回车；拖动 J3 单元格填充柄至 J4 单元格。

在 K2 单元格输入 "=J2/I2"，回车；拖动 K2 单元格填充柄至 K4 单元格。

在 L2 单元格输入 "=POWER(J2,2)/I2"，回车；拖动 L2 单元格填充柄至 L4 单元格。

在 N2 单元格输入 "=COUNT(I:I)"，回车。

在 N3 单元格输入 "=SUM(I:I)"，回车。

在 N4 单元格输入 "=12*SUM(L:L)/(N3*(N3+1))-3*(N3+1)"，回车。

在 N5 单元格输入 "=1-SUM(F:F)/(POWER(N3,3)-N3)"，回车。

在 N6 单元格输入 "=N4/N5"，回车。

由于 $n_1=3$，$n_2=4$，$n_3=4$，该题为小样本。查附表 7，将 $H_{0.05}$ 和 $H_{0.01}$ 填入 N7 和 N8 单元格内。

在 N9 单元格输入 "=IF(N6<N7,"<0.05",IF(N6<N8,"≤0.05","≤0.01"))"，回车。

在 N10 单元格输入 "=CHISQ.INV.RT(0.05,N2-1)"，回车。

在 N11 单元格输入 "=CHISQ.INV.RT(0.01,N2-1)"，回车。

在 N12 单元格输入 "=CHISQ.DIST.RT(N6,N2-1)"，回车。

在 N14 单元格输入 "=IF(AND(N2=3,MAX(I:I)<=5),"小样本","大样本")"，回车。

在 N15 单元格输入 "＝IF(AND(N2＝3,MAX(I:I)<＝5),N9,N12)"，回车。结果如图 5-34 所示。

	A	B	C	D	E	F	G	H	I	J	K	L	M	N
1	组别	数据	排位	排位分组	结t_i	$t_i{}^3$-t_i	秩次	组别	n_i	秩和R_i	平均秩$\overline{R_i}$	$R_i{}^2/n_i$	H 检验	
2	A1	33	11	1	1	0	11	A1	3	30	10	300	k	3
3	A1	32	9	2	1	0	9.5	A2	4	22	5.5	121	n	11
4	A1	32	9	3	3	24	9.5	A3	4	14	3.5	49	H^*	6.7273
5	A2	20	6	4	0	0	7	A4					L	0.9591
6	A2	15	3	5	0	0	4	A5					H	7.0142
7	A2	20	6	6	3	24	7	A6					$H_{0.05}$	5.598
8	A2	15	3	7	0	0	4	A7					$H_{0.01}$	7.212
9	A3	20	6	8	0	0	7	A8					p	≤0.05
10	A3	15	3	9	2	6	4	A9					$\chi^2_{0.05}$	5.9915
11	A3	8	1	10	0	0	1	A10					$\chi^2_{0.01}$	9.2103
12	A3	11	2	11	1	0	2						p	0.02998
13														
14													结论	小样本
15													p	≤0.05

图 5-34 统计结果

本题计算的 $H=7.0142$（$N6$ 单元格），小样本（$N14$ 单元格），$p≤0.05$（$N15$ 单元格），差异显著，否定 H_0，接受 H_A，说明三种青霉素抑菌效力存在着显著性差异。

（2）两两比较。

数据格式化如图 5-35 所示。

在 P3 单元格输入 "＝ABS($K$2-K3)"，回车；拖动 P3 单元格填充柄至 P11 单元格。

在 P12 单元格输入 "＝ABS($K$3-K4)"，回车；拖动 P12 单元格填充柄至 P19 单元格。

在 P20 单元格输入 "＝ABS($K$4-K5)"，回车；拖动 P20 单元格填充柄至 P26 单元格。

在 P27 单元格输入 "＝ABS($K$5-K6)"，回车；拖动 P27 单元格填充柄至 P32 单元格。

在 P33 单元格输入 "＝ABS($K$6-K7)"，回车；拖动 P33 单元格填充柄至 P37 单元格。

在 P38 单元格输入 "＝ABS($K$7-K8)"，回车；并拖动 P38 单元格填充柄至 P41 单元格。

在 P42 单元格输入 "＝ABS($K$8-K9)"，回车；拖动 P42 单元格填充柄至 P44 单元格。

	O	P	Q	R	S		O	P	Q	R	S
1	两两比较					24	A3-A8				
2		差值	标准误	u值	p	25	A3-A9				
3	A1-A2					26	A3-A10				
4	A1-A3					27	A4-A5				
5	A1-A4					28	A4-A6				
6	A1-A5					29	A4-A7				
7	A1-A6					30	A4-A8				
8	A1-A7					31	A4-A9				
9	A1-A8					32	A4-A10				
10	A1-A9					33	A5-A6				
11	A1-A10					34	A5-A7				
12	A2-A3					35	A5-A8				
13	A2-A4					36	A5-A9				
14	A2-A5					37	A5-A10				
15	A2-A6					38	A6-A7				
16	A2-A7					39	A6-A8				
17	A2-A8					40	A6-A9				
18	A2-A9					41	A6-A10				
19	A2-A10					42	A7-A8				
20	A3-A4					43	A7-A9				
21	A3-A5					44	A7-A10				
22	A3-A6					45	A8-A9				
23	A3-A7					46	A8-A10				
						47	A9-A10				

图 5-35 数据格式化

在 P45 单元格输入"=ABS($K$9-K10)",回车；拖动 P45 单元格填充柄至 P46 单元格。

在 P47 单元格输入"=ABS($K$10-K11)",回车。

在 Q3 单元格输入"=SQRT($N$3*($N$3+1)*(1/$I$2+1/I3)/12)",回车；拖动 Q3 单元格填充柄至 Q11 单元格。

在 Q12 单元格输入"=SQRT($N$3*($N$3+1)*(1/$I$3+1/I4)/12)",回车；拖动 Q12 单元格填充柄至 Q19 单元格。

在 Q20 单元格输入"=SQRT($N$3*($N$3+1)*(1/$I$4+1/I5)/12)",回车；拖动 Q20 单元格填充柄至 Q26 单元格。

在 Q27 单元格输入"=SQRT($N$3*($N$3+1)*(1/$I$5+1/I6)/12)",回车；拖动 Q27 单元格填充柄至 Q32 单元格。

在 Q33 单元格输入"=SQRT($N$3*($N$3+1)*(1/$I$6+1/I7)/12)",回车；拖动 Q33 单元格填充柄至 Q37 单元格。

在 Q38 单元格输入"=SQRT($N$3*($N$3+1)*(1/$I$7+1/I8)/12)",回车；拖动 Q38 单元格填充柄至 Q41 单元格。

在 Q42 单元格输入"=SQRT($N$3*($N$3+1)*(1/$I$8+1/I9)/12)",回车；拖动 Q42 单元格填充柄至 Q44 单元格。

在 Q45 单元格输入 "=SQRT($N$3*($N$3+1)*(1/$I$9+1/I10)/12)"，回车；拖动 Q45 单元格填充柄至 Q46 单元格。

在 Q47 单元格输入 "=SQRT($N$3*($N$3+1)*(1/$I$10+1/I11)/12)"，回车。

在 R3 单元格输入 "=P3/Q3"，回车；拖动 R3 单元格填充柄至 R47 单元格。

在 S3 单元格输入 "=(1−NORM.S.DIST(R3,TRUE))*$N$2*($N$2−1)"，回车；拖动 S3 单元格填充柄至 S47 单元格。

结果如图 5-36 所示。

	O	P	Q	R	S
1			两两比较		
2		差值	标准误	u 值	p
3	A1-A2	4.5	2.53311	1.77647	0.226967
4	A1-A3	6.5	2.53311	2.56601	0.030863
5	A1-A4	10	#DIV/0!	#DIV/0!	#DIV/0!
6	A1-A5	10	#DIV/0!	#DIV/0!	#DIV/0!
7	A1-A6	10	#DIV/0!	#DIV/0!	#DIV/0!
8	A1-A7	10	#DIV/0!	#DIV/0!	#DIV/0!
9	A1-A8	10	#DIV/0!	#DIV/0!	#DIV/0!
10	A1-A9	10	#DIV/0!	#DIV/0!	#DIV/0!
11	A1-A10	10	#DIV/0!	#DIV/0!	#DIV/0!
12	A2-A3	2	2.34521	0.8528	1.181306
13	A2-A4	5.5	#DIV/0!	#DIV/0!	#DIV/0!
14	A2-A5	5.5	#DIV/0!	#DIV/0!	#DIV/0!

图 5-36　统计结果

由图 5-36 可知，只有 A1 与 A3 差异显著（S4 单元格，$p=0.030863<0.05$），其余各组差异不显著（S3 和 S12 的 p 值均大于 0.05）。

本程序预设定 10 组数据，读者根据需要，C:G 列向下填充至与数据平齐，就可自动判断大小样本、H 检验的概率以及两两比较的结果，可适用于绝大多数科研的需要。

【例 5-6】 比较四种眼药对家兔眼部消炎的作用，每种药物用 6 只家兔做试验。用评分−1、0、1、2、3 表示消炎的程度或效果，所得结果如图 5-37 所示，请分析四种眼药消炎效果是否存在显著差异。

本题 $k=4$ 且 $n_i>5$，为大样本。

　　H_0：各总体的处理效应相同；H_A：各总体的处理效应不完全相同

（1）秩和检验。

将数据录入上述程序中，在 D 列输入 1~24，C、E、F、G 列单元格填充至第 25 行，I 和 J 列由第 3 行填充至第 5 行，K 和 L 列由第 2 行填充至第 5 行。

结果如图 5-37 所示。

	A	B	C	D	E	F	G	H	I	J	K	L	M	N
1	组别	数据	排位	排位分组	结t_i	$t_i{}^3$-t_i	秩次	组别	n_i	秩和R_i	平均秩$\overline{R_i}$	$R_i{}^2/n_i$		H检验
2	A1	2	12	1	1	0	14	A1	6	97.5	16.25	1584	k	4
3	A1	3	16	2	5	120	20	A2	6	85	14.1667	1204	n	24
4	A1	3	16	3	0	0	20	A3	6	91.5	15.25	1395	$H*$	10.9317
5	A1	3	16	4	0	0	20	A4	6	26	4.33333	112.7	L	0.9261
6	A1	3	16	5	0	0	20	A5					H	11.8041
7	A1	0	2	6	0	0	4	A6					$H_{0.05}$	5.598
8	A2	1	7	7	5	120	9	A7					$H_{0.01}$	7.212
9	A2	3	16	8	0	0	20	A8					p	≤0.01
10	A2	1	7	9	0	0	9	A9					$\chi^2_{0.05}$	7.8147
11	A2	2	12	10	0	0	14	A10					$\chi^2_{0.01}$	11.3449
12	A2	2	12	11	0	0	14						p	0.00809
13	A2	3	16	12	4	60	20							
14	A3	3	16	13	0	0	20						结论	大样本
15	A3	1	7	14	0	0	9						p	0.00809
16	A3	2	12	15	0	0	14							
17	A3	1	7	16	9	720	9							
18	A3	3	16	17	0	0	20							
19	A3	3	16	18	0	0	20							
20	A4	1	7	19	0	0	9							
21	A4	0	2	20	0	0	4							
22	A4	0	2	21	0	0	4							
23	A4	0	2	22	0	0	4							
24	A4	0	2	23	0	0	4							
25	A4	-1	1	24	0	0	1							

图 5-37　试验数据

本题计算的 $H = 11.8041$（N6 单元格），大样本（N14 单元格），$p = 0.0080$（N15 单元格），差异极显著，否定 H_0，接受 H_A，说明四种眼药消炎效果存在着显著性差异。

（2）两两比较。

比较结果如图 5-38 所示。

由图 5-38 可知，A1 与 A4 差异显著，A3 与 A4 差异显著，其余各组差异不显著。

【例 5-7】　某医院用碘剂治疗地方性甲状腺肿，不同年龄的治疗效果如图 5-39 所示，请检验不同年龄的治疗效果有无差异（在【例 4-4】基础上更改了部分数据）。

若多个样本数据是计数数据，理论次数 $E_{ij} \geqslant 5$，可用 χ^2 检验（4.3.2 节）。但 kruskal-wallis 检验，对理论次数没有要求，无论 E_{ij} 多大都可以。对于 $E_{ij} \geqslant 5$ 时，χ^2 检验与 kruskal-wallis 检验可选用其中一种。

	O	P	Q	R	S
1		两两比较			
2		差值	标准误	u值	p
3	A1-A2	2.083	4.0825	0.5103	3.659
4	A1-A3	1	4.0825	0.2449	4.83898
5	A1-A4	11.92	4.0825	2.919	0.02107
6	A1-A5	16.25	#DIV/0!	#DIV/0!	#DIV/0!
7	A1-A6	16.25	#DIV/0!	#DIV/0!	#DIV/0!
8	A1-A7	16.25	#DIV/0!	#DIV/0!	#DIV/0!
9	A1-A8	16.25	#DIV/0!	#DIV/0!	#DIV/0!
10	A1-A9	16.25	#DIV/0!	#DIV/0!	#DIV/0!
11	A1-A10	16.25	#DIV/0!	#DIV/0!	#DIV/0!
12	A2-A3	1.083	4.0825	0.2654	4.74439
13	A2-A4	9.833	4.0825	2.4087	0.09607
14	A2-A5	14.17	#DIV/0!	#DIV/0!	#DIV/0!
15	A2-A6	14.17	#DIV/0!	#DIV/0!	#DIV/0!
16	A2-A7	14.17	#DIV/0!	#DIV/0!	#DIV/0!
17	A2-A8	14.17	#DIV/0!	#DIV/0!	#DIV/0!
18	A2-A9	14.17	#DIV/0!	#DIV/0!	#DIV/0!
19	A2-A10	14.17	#DIV/0!	#DIV/0!	#DIV/0!
20	A3-A4	10.92	4.0825	2.674	0.04497
21	A3-A5	15.25	#DIV/0!	#DIV/0!	#DIV/0!

图 5-38　比较结果

	A	B	C	D	E	F	G
1	观测次数	年龄(岁)	治愈	显效	好转	无效	总计
2		11—30	67	9	10	5	91
3		31—50	32	23	20	4	79
4		50以上	10	11	23	5	49
5		总计	109	43	53	14	219
6	理论次数	11—30	45.2922	17.8676	22.0228	5.81735	
7		31—50	39.3196	15.5114	19.1187	5.05023	
8		50以上	24.3881	9.621	11.8584	3.13242	

图 5-39　试验数据

本题经 4.3.2 节 $r×c$ 列联表计算，有一个理论次数小于 5（F8 单元格），所以不能用 x^2 检验，只能用 kruskal-wallis 检验。

H_0：各总体的处理效应相同；H_A：各总体的处理效应不完全相同

（1）秩和检验。

数据格式化如图 5-40 所示，预设定 10 组数据（A2~A11 单元格），每组有 6 个等级（B1~G1 单元格）。读者根据需要，通过简单的填充功能，就可自动计算 H 检验的概率，可适用于绝大多数科研的需要。

	A	B	C	D	E	F	G	H	I	J	K	L	M	N
1	组别	治愈	显效	好转	无效			组别	n_i	秩和R_i	平均秩$\bar{R}_i$	R_i^2/n_i	H检验	
2	A1	67	9	10	5			A1					k	
3	A2	32	23	20	4			A2					n	
4	A3	10	11	23	5			A3					H^*	
5	A4							A4					L	
6	A5							A5					H	
7	A6							A6					$\chi^2_{0.05}$	
8	A7							A7					$\chi^2_{0.01}$	
9	A8							A8					p	
10	A9							A9						
11	A10							A10						
12	合计													
13	累计													
14	平均秩次													
15	$t_i^3-t_i$													
16														

图 5-40 数据格式化

本题为 3 组、4 个等级的计数资料。A1 为 11~30 岁、A2 为 31~50 岁、A3 为 50 岁以上。

在 B12 单元格输入 "=SUM(B2:B11)", 回车; 拖动 B12 单元格填充柄至 E12 单元格。(注: 每个等级内有多少个相同的个数, 相当于 "结" 的个数。)

在 B13 单元格输入 "=B12", 回车。

在 C13 单元格输入 "=C12+B13", 回车; 拖动 C13 单元格填充柄至 E13 单元格。(注: 每个等级的秩次范围, B13 为 1~109、C13 为 110~152、D13 为 153~205、E13 为 206~219。)

在 B14 单元格输入 "=(1+B13)/2", 回车。

在 C14 单元格输入 "=(B13+1+C13)/2", 回车; 拖动 C14 单元格填充柄至 E14 单元格。(注: 平均秩次等于各等级组秩次下限与上限之和的平均, 第 1 等级为 (1+109)/2, 第 2 等级为 (110+152)/2, 第 3 等级为 (153+205)/2, 第 4 等级为 (206+219)/2。)

在 B15 单元格输入 "=POWER(B12,3)-B12", 回车; 拖动 B12 单元格填充柄至 E15 单元格。

在 I2 单元格输入 "=SUM(B2:G2)", 回车; 拖动 I2 单元格填充柄至 I4 单元格。

在 J2 单元格输入 "=SUMPRODUCT(B2:G2,$B$14:$G$14)", 回车; 拖动 J2 单元格填充柄至 J4 单元格。(注: 每组的秩次和等于各等级的次数乘以平均秩次之和, 如第 1 组的秩次和 = 67*55+9*131+10*179+5*212.5, 以此类推。)

秩和检验以及两两比较的其他各单元格输入的公式与 【例 5-5】相同。

结果如图 5-41 所示。

	A	B	C	D	E	F	G	H	I	J	K	L	M	N
1	组别	治愈	显效	好转	无效			组别	n_i	秩和R_i	平均秩$\overline{R_i}$	R_i^2/n_i	H检验	
2	A1	67	9	10	5			A1	91	7716.5	84.7967	654334	k	3
3	A2	32	23	20	4			A2	79	9203	116.494	1072091	n	219
4	A3	10	11	23	5			A3	49	7170.5	146.337	1049308	H^*	31.3406
5	A4							A4					L	0.8547
6	A5							A5					H	36.6678
7	A6							A6					$\chi^2_{0.05}$	5.991465
8	A7							A7					$\chi^2_{0.01}$	9.21034
9	A8							A8					p	1.09E-08
10	A9							A9						
11	A10							A10						
12	合计	109	43	53	14									
13	累计	109	152	205	219									
14	平均秩次	55	131	179	212.5									
15	$t_i^3-t_i$	1E+06	79464	148824	2730									

图 5-41　统计结果

本题计算的 $H = 36.6678$（N6 单元格），所对应的概率 $p = 1.09 \times 10^{-8} < 0.01$，差异极显著（N9 单元格），否定 H_0，接受 H_A，说明不同年龄的治疗效果有很大的差别。

（2）两两比较。

比较结果如图 5-42 所示。

	O	P	Q	R	S
1	两两比较				
2		差值	标准误	u值	p
3	A1-A2	31.7	9.7439	3.253	0.00343
4	A1-A3	61.54	11.228	5.4811	1.3E-07
5	A1-A4	84.8	#DIV/0!	#DIV/0!	#DIV/0!
6	A1-A5	84.8	#DIV/0!	#DIV/0!	#DIV/0!
7	A1-A6	84.8	#DIV/0!	#DIV/0!	#DIV/0!
8	A1-A7	84.8	#DIV/0!	#DIV/0!	#DIV/0!
9	A1-A8	84.8	#DIV/0!	#DIV/0!	#DIV/0!
10	A1-A9	84.8	#DIV/0!	#DIV/0!	#DIV/0!
11	A1-A10	84.8	#DIV/0!	#DIV/0!	#DIV/0!
12	A2-A3	29.84	11.522	2.59	0.02879
13	A2-A4	116.5	#DIV/0!	#DIV/0!	#DIV/0!
14	A2-A5	116.5	#DIV/0!	#DIV/0!	#DIV/0!

图 5-42　比较结果

由图 5-42 可知，A1 与 A2、A1 与 A3 差异极显著，A2 与 A3 差异显著。

6 回归与相关

6.1 一元线性回归与相关分析

一个自变量 x 或多个自变量 x_i 与一个依变量 y 均应符合正态分布，检验方法见 1.3 节。

6.1.1 一元线性回归分析

6.1.1.1 判断 x 与 y 之间是否为线性关系

根据专业知识能确定 x 与 y 之间是线性关系（如标准曲线），则忽略此步；如果不能确定 x 与 y 之间是否存在线性关系，可通过散点图进行判断。

6.1.1.2 一元线性回归方程

用样本数据建立的一元线性回归方程为：

$$\hat{y} = a + bx$$

式中　x——自变量；

　　　$\hat{y}$——依变量；

　　　a——样本回归截距；

　　　b——样本回归系数。

$$b = \frac{\sum (x - \bar{x})(y - \bar{y})}{\sum (x - \bar{x})^2} = \frac{\sum xy - (\sum x)(\sum y)/n}{\sum x^2 - (\sum x)^2/n} = \frac{SP_{xy}}{SS_x}$$

$$a = \bar{y} - b\bar{x}$$

式中　分子——自变量 x 的离均差与依变量 y 的离均差的乘积和，简称乘积和，记作 SP_{xy}；

　　　分母——自变量 x 的离均差平方和，记作 SS_x，其中 $n \geq 5$。

6.1.1.3 一元线性回归方程的假设检验

（1）F 检验。

按表 6-1 进行回归方程的方差分析。

表 6-1 一元线性回归方差分析表

变异来源	SS	df	MS	F	$F_{0.05}$	$F_{0.01}$
回归	$SS_R = \dfrac{(SP_{xy})^2}{SS_x}$	$df_R = 1$	$MS_R = \dfrac{SS_R}{df_R}$	$F = \dfrac{MS_R}{MS_r}$	$F_{df_R, df_r, 0.05}$	$F_{df_R, df_r, 0.01}$
离回归	$SS_r = SS_y - SS_R$	$df_r = df_y - df_R$	$MS_r = \dfrac{SS_r}{df_r}$			
总计	$SS_y = \sum y^2 - \dfrac{(\sum y)^2}{n}$	$df_y = n - 1$				

如果 $F < F_{df_R, df_r, 0.05}$，则 $p > 0.05$，x 与 y 之间不是线性关系；$F > F_{df_R, df_r, 0.05}$ 或 $F > F_{df_R, df_r, 0.01}$，则 $p < 0.05$ 或 $p < 0.01$，x 与 y 之间存在着显著或极显著的线性关系。

（2） t 检验。

通过检验系数判断 x 与 y 之间是否为线性关系。

t 值的计算公式为：

$$t = b / \sqrt{MS_r / SS_x}, \quad df = n - 2$$

如果 $|t| < t_{0.05(df)}$，则 $p > 0.05$，x 与 y 之间不是线性关系；$|t| > t_{0.05(df)}$ 或 $|t| > t_{0.01(df)}$，则 $p < 0.05$ 或 $p < 0.01$，x 与 y 之间有显著或极显著的线性关系。统计学证明，F 检验和 t 检验的检验结果完全一致。

6.1.2 一元线性相关分析

6.1.2.1 相关系数和决定系数

（1）相关系数。

样本的相关系数 r 为：

$$r = SP_{xy} / \sqrt{SS_x \times SS_y}$$

r 的正负表示相关性质：r 为正值表示正相关，r 为负值表示负相关。$|r|$ 表示相关程度：$|r|$ 越接近 1，相关程度越高；$|r|$ 越接近 0，越无相关性。

（2）决定系数。

决定系数为相关系数 r 的平方，即 r^2，也能表示相关程度，其含义是 x 与 y 在既定的范围内，有 r^2 的 y 可用该方程解释或计算。

6.1.2.2 相关系数的假设检验

相关系数的标准误 s_r 和 t 值为：

$$s_r = \sqrt{\frac{1-r^2}{n-2}}, \qquad t = \frac{r}{s_r}, \qquad df = n-2$$

如果 $|t| < t_{0.05(df)}$，则 $p > 0.05$，说明 x 与 y 之间不相关；$|t| > t_{0.05(df)}$ 或 $|t| > t_{0.01(df)}$，则 $p < 0.05$ 或 $p < 0.01$，说明 x 与 y 之间存在着显著或极显著的相关关系。统计学证明，一元线性相关系数与回归系数的 t 检验是一致的。

【例6-1】　采用考马斯亮蓝法制作蛋白质的标准曲线，用小牛血清蛋白作为标准蛋白。蛋白质的浓度 $x(\text{mg/mL})$ 与 OD 值 y 的测定结果如图6-1所示。请进行回归与相关分析；样品的 OD 分别为 0.135、0.492、0.821 时，计算样品的蛋白质浓度。

Microsoft Excel 有四种方法完成该分析。

（1）绘制散点图并加入趋势线。

选取 A:B 两列，单击"插入"选项卡，点击"插入散点图（X、Y）或气泡图" 📊▾，选择"散点图"，此时获得一个散点图。调整散点图的 x 轴和 y 轴以及图片大小，如图6-1所示（注：低版本的 Excel 可插入"图表向导"，选择绘制"XY 散点图"）。

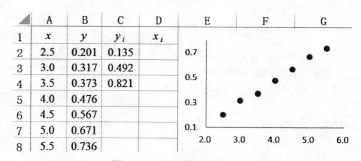

图6-1　试验数据及散点图

点击散点图上任意一个数据点，并点击鼠标右键，点"添加趋势线（R)…"，弹出一个"设置趋势线格式"对话框，在"趋势线选项"，选择"线性（L）"，同时勾选"显示公式（E）"和"显示 R 平方值（R）"，此时散点图上就会出现回归方程 $y = 0.1791x - 0.239$，决定系数 $R^2 = 0.9958$，如图6-2所示（注：低版本的 Excel "线性（L）"在"类型"选项卡中，"显示公式（E）"和"显示 R 平方值（R）"在"选项"选项卡中）。

由于 OD 值 0.135 和 0.821 已经超出 0.201~0.736 的范围，无法应用该公式计算样品蛋白浓度，只能计算 OD 为 0.492 的样品蛋白浓度。

在 D3 单元格输入"=(C3+0.239)/0.1791"，回车。结果如图6-3所示。

（2）函数法。

数据格式化如图6-4所示。

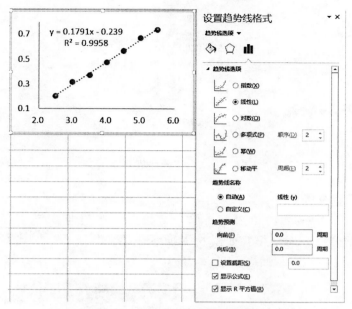

图 6-2 "设置趋势线格式"对话框

	A	B	C	D
1	x	y	y_i	x_i
2	2.5	0.201	0.135	
3	3.0	0.317	0.492	4.0815
4	3.5	0.373	0.821	
5	4.0	0.476		
6	4.5	0.567		
7	5.0	0.671		
8	5.5	0.736		

图 6-3 统计结果

	A	B	C	D
1	x	y		
2	2.5	0.201	a	
3	3.0	0.317	b	
4	3.5	0.373	y	0.492
5	4.0	0.476	x	
6	4.5	0.567		
7	5.0	0.671		
8	5.5	0.736		

图 6-4 数据格式化

在 D2 单元格输入"=INTERCEPT(B:B,A:A)",回车。

在 D3 单元格输入"=SLOPE(B:B,A:A)",回车。

在 D5 单元格输入"=FORECAST(D4,A:A,B:B)",回车(注:已知 x 求 y 时,输入"=FORECAST(D5,B:B,A:A)";已知 y 求 x 时,输入"=FORECAST(D4,A:A,B:B)")。

结果如图 6-5 所示。

回归方程 $y = 0.1790714x - 0.239$。

以上两种方法回归方程比较简单,但提供的信息较少,不能判断 x 与 y 之间是否存在线性关系和相关关系。

	A	B	C	D
1	x	y		
2	2.5	0.201	a	-0.239
3	3.0	0.317	b	0.1790714
4	3.5	0.373	y	0.492
5	4.0	0.476	x	4.081826
6	4.5	0.567		
7	5.0	0.671		
8	5.5	0.736		

图 6-5 统计结果

（3）数据分析。

在 Microsoft Excel 13.0 界面，单击"数据"选项卡，点击"数据分析"，弹出"数据分析"对话框，如图 6-6 所示。"数据分析"加载方法见 1.4 节【例 1-6】（2）。

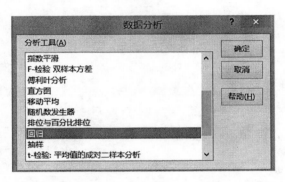

图 6-6 "数据分析"对话框

选择"回归"，点击"确定"按钮，弹出"回归"对话框，输入相关信息，如图 6-7 所示。

单击"确定"按钮后，结果如图 6-8 所示。

Multiple R 是相关系数的绝对值，R Square 是决定系数 R^2，Adjusted R Square（C6 单元格）是调整后的 R^2。

方差分析 $F = 1189.674$，$p = 3.85328 \times 10^{-7} < 0.01$，这说明 x 与 y 存在着极显著的线性关系和相关关系。

Intercept 是截距，coefficients 是系数，因此回归方程是 $y = 0.179071429x - 0.239$。

对检验样本回归系数 $b = 0.179071429$ 进行 t 检验，$t = 34.49165$，对应的 $p = 3.85 \times 10^{-7} < 0.01$，这说明 x 与 y 存在着极显著的线性关系和相关关系。

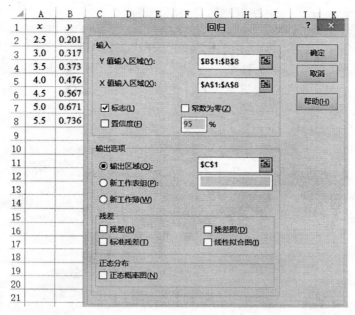

图 6-7 "回归"对话框

C	D	E	F	G	H	I	J	K
SUMMARY OUTPUT								
回归统计								
Multiple R	0.997905185							
R Square	0.995814759							
Adjusted R	0.99497771							
标准误差	0.013736032							
观测值	7							
方差分析								
	df	SS	MS	F	Significance F			
回归分析	1	0.224466	0.224466	1189.674	3.85328E-07			
残差	5	0.000943	0.000189					
总计	6	0.225409						
	Coefficients	标准误差	t Stat	P-value	Lower 95%	Upper 95%	下限 95.0%	上限 95.0%
Intercept	-0.239	0.021406	-11.1651	0.000101	-0.294026028	-0.18397	-0.294026	-0.183974
x	0.179071429	0.005192	34.49165	3.85E-07	0.165725656	0.192417	0.1657257	0.1924172

图 6-8 统计结果

当 OD=0.492 时，计算 x 的方法参见（1）和（2）。

6.2 可直线化的一元曲线回归

如果 x 与 y 之间不是线性关系，这时就要进行一元曲线回归，回归的依据有：（1）根据专业知识、理论规律和实践经验确定曲线类型；（2）曲线类型未知，以 x 和 y 作散点图，观察散点的分布趋势与哪种已知的函数曲线最接近；（3）与现有曲线类型不符的，可用多项式回归（6.4 节）。

一元曲线回归分析的方法是：将 x 或 y 转换成新变量，并做散点图，它们呈现直线关系；然后对新变量进行一元线性回归分析，建立一元线性方程并进行显著性检验，最后将新变量还原为原变量。

曲线拟合的好坏，常用相关指数 R^2 来衡量。

$$R^2 = 1 - \frac{\sum (y - \hat{y})^2}{\sum (y - \bar{y})^2}$$

有时可以拟合出 R^2 较高的几个曲线方程，应根据专业知识或实践验证选择合适的方程。

6.2.1　指数函数曲线

常见指数函数有：

$\hat{y} = ae^{bx}$，两端取自然对数，得 $\ln\hat{y} = \ln a + bx$；令 $y' = \ln\hat{y}$、$a' = \ln a$，则可将其直线化为 $y' = a' + bx$。

$\hat{y} = ae^{b/x}$，两端取自然对数，得 $\ln\hat{y} = \ln a + b/x$；令 $y' = \ln\hat{y}$、$a' = \ln a$、$x' = 1/x$，则可将其直线化为 $y' = a' + bx'$。

$\hat{y} = ab^x$，两端取自然对数，得 $\ln\hat{y} = \ln a + x\ln b$；令 $y' = \ln\hat{y}$、$a' = \ln a$、$b' = \ln b$，则可将其直线化为 $y' = a' + b'x$。

【例 6-2】　玉米淀粉生产中，玉米逆流浸渍过程中浸渍时间 $x(\mathrm{h})$ 与乳酸菌数 y（10^6 个/mL），测定结果如图 6-9 所示。请建立回归方程。

（1）绘制散点图并加入趋势线。

按【例 6-1】（1）对 x 和 y 作散点图，散点分布接近指数函数曲线 $\hat{y} = ae^{bx}$。在添加趋势线时，"趋势线选项"，选择"指数（X）"，同时勾选"显示公式（E）"和"显示 R 平方值（R）"，结果如图 6-9 所示（注：Excel 只能对 $\hat{y} = ae^{bx}$ 用这种方法，其他形式的指数函数曲线须用第（2）种方法）。

R^2 是 $y' = a' + bx$ 的决定系数。

（2）数据分析。

先将 y 转换成新变量 y' 或 $\ln(x)$，数据格式化如图 6-10 所示。

在 C2 单元格输入 "= LN（B2）"，回车；拖动 C2 单元格填充柄至 C7 单元格。

以 x 和 y' 做散点图，结果如图 6-11 所示。

图 6-11 表明 x 和 y' 为直线关系。

按【例 6-1】（3）对 x 和 y' 进行回归分析（输出区域为 G1），结果如图

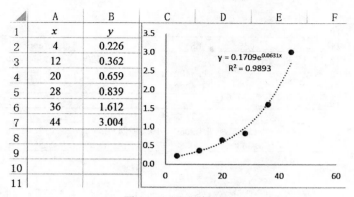

图 6-9　x、y 散点图

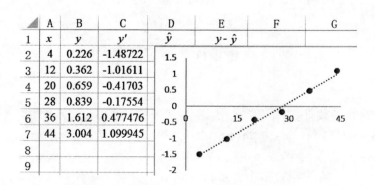

图 6-10　数据格式化

	A	B	C	D	E	F	G
1	x	y	y′	$\hat{y}$	y-$\hat{y}$		
2	4	0.226	-1.48722				
3	12	0.362	-1.01611				
4	20	0.659	-0.41703				
5	28	0.839	-0.17554				
6	36	1.612	0.477476				
7	44	3.004	1.099945				
8							
9							

图 6-11　x、y′散点图

6-12 所示。

方差分析 $F = 369.622$，$p = 4.31364 \times 10^{-5} < 0.01$，这说明 x 与 y' 存在着极显著的线性关系和相关关系。回归方程是 $y' = -1.76663 + 0.063065x$。由于 $a' = \ln a$，$a = e^{-1.76663} = 0.170908$，因此 $\hat{y} = 0.170908e^{0.063065x}$。

	G	H	I	J	K	L
10	方差分析					
11		df	SS	MS	F	Significance F
12	回归分析	1	4.45439	4.45439	369.622	4.31364E-05
13	残差	4	0.0482	0.01205		
14	总计	5	4.5026			
15						
16		Coefficient	标准误差	t Stat	P-value	Lower 95%
17	Intercept	-1.76663	0.09059	-19.502	4.1E-05	-2.018144778
18	x	0.063065	0.00328	19.2255	4.3E-05	0.053957118

图 6-12　统计结果

在 D2 单元格输入 "=EXP($H$17)*EXP($H$18*A2)"，回车；拖动 D2 单元格填充柄至 D7 单元格。

在 E2 单元格输入 "=B2-D2"，回车；拖动 E2 单元格填充柄至 E7 单元格。

在 F2 单元格输入 "=1-SUMSQ(E:E)/DEVSQ(B:B)"，回车。

结果如图 6-13 所示。

	A	B	C	D	E	F
1	x	y	y'	$\hat{y}$	$y-\hat{y}$	R^2
2	4	0.226	-1.48722	0.21995	0.006054	0.9816801
3	12	0.362	-1.01611	0.36427	-0.002272	
4	20	0.659	-0.41703	0.6033	0.055699	
5	28	0.839	-0.17554	0.99918	-0.160177	
6	36	1.612	0.477476	1.65482	-0.042822	
7	44	3.004	1.099945	2.74069	0.26331	

图 6-13　统计结果

R^2 是相关指数，说明方程 $\hat{y}=0.170908\mathrm{e}^{0.063065x}$ 拟合程度较高。

6.2.2　对数函数曲线

常见对数函数有：

$\hat{y}=a+b\ln(x)$，令 $x'=\ln(x)$，则可将其直线化为 $\hat{y}=a+bx'$。

$\hat{y}=a+b\log(x)$，令 $x'=\log(x)$，则可将其直线化为 $\hat{y}=a+bx'$。

【例 6-3】　在水稻育苗中，塑料薄膜苗床内空气最高温度 $y(℃)$ 与室外空气最高温度 $x(℃)$ 的数据如图 6-14 所示，请建立回归方程。

（1）绘制散点图并加入趋势线。

按【例 6-1】（1）对 x 和 y 作散点图，散点分布接近对数函数曲线。在添加趋势线时，"趋势线选项"，选择 "对数（O）"，同时勾选 "显示公式（E）" 和 "显示 R 平方值（R）"，结果如图 6-14 所示（注：Excel 只能对 $\hat{y}=a+b\ln(x)$ 用这种方法，$\hat{y}=a+b\log(x)$ 形式的对数函数曲线须用第（2）种方法）。

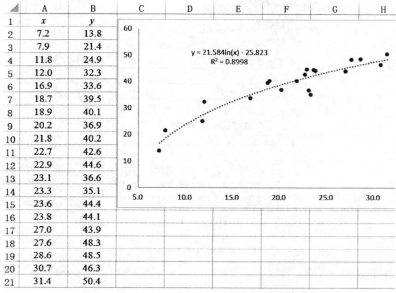

图 6-14 x、y 散点图

（2）数据分析。

先将 x 转换成新变量 $\log(x)$。

在 C2 单元格输入"=LOG10(A2)"，回车；并拖动 C2 单元格填充柄至 C21 单元格。结果如图 6-15 所示。

	A	B	C
1	x	y	lgx
2	7.2	13.8	0.857332
3	7.9	21.4	0.897627
4	11.8	24.9	1.071882
5	12.0	32.3	1.079181
6	16.9	33.6	1.227887
7	18.7	39.5	1.271842
8	18.9	40.1	1.276462
9	20.2	36.9	1.305351
10	21.8	40.2	1.338456
11	22.7	42.6	1.356026
12	22.9	44.6	1.359835
13	23.1	36.6	1.363612
14	23.3	35.1	1.367356
15	23.6	44.4	1.372912
16	23.8	44.1	1.376577
17	27.0	43.9	1.431364
18	27.6	48.3	1.440909
19	28.6	48.5	1.456366
20	30.7	46.3	1.487138
21	31.4	50.4	1.49693

图 6-15 统计结果

以 $\log(x)$ 和 y 做散点图（略）。按【例 6-1】（3）对 $\lg x$ 和 y 进行回归分析（输出区域为 D1），结果如图 6-16 所示。

	D	E	F	G	H	I
10	方差分析					
11		df	SS	MS	F	Significance F
12	回归分析	1	1549.12	1549.12	161.65	1.97888E-10
13	残差	18	172.4971	9.583174		
14	总计	19	1721.618			
15						
16		Coefficient	标准误差	t Stat	P-value	Lower 95%
17	Intercept	-25.8227	5.09653	-5.06672	8.04E-05	-36.53009539
18	lgx	49.69814	3.908879	12.71417	1.98E-10	41.48588695

图 6-16　回归分析结果

方差分析 $F=161.65$，$p=1.97888\times10^{-10}<0.01$，这说明 $\log(x)$ 和 y 存在着极显著的线性关系和相关关系。回归方程是 $\hat{y}=-25.8227+49.69814\lg x$。

相关指数的计算（略）。

6.2.3　幂函数曲线

幂函数 $\hat{y}=ax^b$，两端取自然对数，得 $\ln\hat{y}=\ln a+b\ln x$；令 $y'=\ln\hat{y}$、$a'=\ln a$、$x'=\ln x$，则可将其直线化为 $y'=a'+bx'$。

【例 6-4】　为了研究 CO_2 对变黄期烟叶叶绿素降解的影响，在 30 倍 CO_2 浓度下测定不同烧烤时间 x(h) 下叶绿素含量 y(%)，如图 6-14 所示，请建立回归方程。

（1）绘制散点图并加入趋势线。

按【例 6-1】（1）对 x 和 y 作散点图，散点分布接近幂函数曲线。在添加趋势线时，"趋势线选项"，选择"幂（W）"，同时勾选"显示公式（E）"和"显示 R 平方值（R）"，结果如图 6-17 所示。

（2）数据分析（略）。

可参考 6.2.1 节（2），先计算 x' 和 y'，再对二者进行回归分析，求出 a 和 b 代入公式 $\hat{y}=ax^b$，相关指数的计算（略）。

6.2.4　倒数函数曲线

倒数函数常用于植物生理分析及作物产量分析中。

倒数函数 $1/\hat{y}=a+b/x$，令 $y'=1/\hat{y}$，$x'=1/x$，则可将其直线化为 $y'=a+bx'$。

【例 6-5】　玉米种植密度 x(千株/亩) 与不同密度下穗数 y(千个/亩)，测定结果如图 6-18 所示。请建立回归方程。

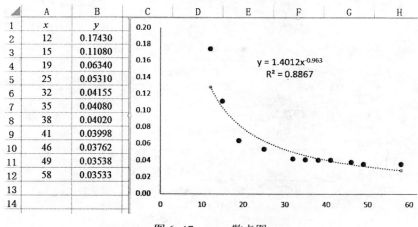

图 6-17 x、y 散点图

由于趋势线选项中没有倒数函数，因此应用回归分析。数据格式化如图 6-18 所示。

	A	B	C	D
1	x	y	$1/x$	$1/y$
2	1	1.174		
3	2	2.04		
4	3	2.835		
5	4	3.628		
6	5	4.125		
7	6	4.758		
8	7	5.584		

图 6-18 数据格式化

在 C2 单元格输入"=1/A2"，回车；拖动 C2 单元格填充柄至 C8 单元格。
在 D2 单元格输入"=1/B2"，回车；拖动 D2 单元格填充柄至 D8 单元格。
结果如图 6-19 所示。

	A	B	C	D
1	x	y	$1/x$	$1/y$
2	1	1.174	1	0.8517888
3	2	2.04	0.5	0.4901961
4	3	2.835	0.3333333	0.3527337
5	4	3.628	0.25	0.275634
6	5	4.125	0.2	0.2424242
7	6	4.758	0.1666667	0.2101723
8	7	5.584	0.1428571	0.1790831

图 6-19 统计结果

按【例6-1】（3）对 $1/x$ 和 $1/y$ 进行回归分析（输出区域为D1），结果如图6-20所示。

	E	F	G	H	I	J
3		回归统计				
4	Multiple	0.998842				
5	R Square	0.997686				
6	Adjusted	0.997223				
7	标准误差	0.012434				
8	观测值	7				
9						
10	方差分析					
11		df	SS	MS	F	Significance F
12	回归分析	1	0.333247	0.333247	2155.538	8.75505E-08
13	残差	5	0.000773	0.000155		
14	总计	6	0.33402			
15						
16		Coefficient	标准误差	t Stat	P-value	Lower 95%
17	Intercept	0.083755	0.007782	10.76308	0.00012	0.063751887
18	1/x	0.777422	0.016745	46.42777	8.76E-08	0.734378067

图6-20　回归分析结果

方差分析 $F = 2155.538$，$p = 8.75505 \times 10^{-8} < 0.01$，这说明 $1/x$ 和 $1/y$ 存在着极显著的线性关系和相关关系。回归方程是 $1/\hat{y} = 0.083755 + 0.777422/x$，决定系数为0.997686。相关指数的计算（略）。

6.2.5　Logistic 生长曲线

Logistic 生长曲线广泛应用于生物的培养或饲养、栽培、资源、生态以及环保等方面的模拟研究，特点是开始增长缓慢，而在以后的某一范围内迅速增长，达到某限度后，增长又缓慢下来，曲线呈拉长的S形，也称为S形曲线。其方程为：

$$\hat{y} = \frac{k}{1 + ae^{-bx}}$$

两端取倒数得 $k/\hat{y} = 1 + ae^{-bx}$，$k/\hat{y} - 1 = ae^{-bx}$；对两端再对自然对数，得 $\ln(k/\hat{y} - 1) = \ln a - bx$，令 $y' = \ln(k/\hat{y} - 1)$，$a' = \ln a$，$b' = -b$，则可将其直线化为 $y' = a' + b'x$。

【例6-6】　某肉鸡生长时间 x（周）与质量 y（kg），测定结果如图6-18所示。请建立 Logistic 生长曲线方程（$k = 2.827$）。

由于趋势线选项中没有 Logistic 生长曲线函数，因此应用回归分析。数据格式化如图6-21所示。

	A	B	C
1	x	y	y'
2	2	0.30	
3	4	0.86	
4	6	1.73	
5	8	2.20	
6	10	2.47	
7	12	2.67	
8	14	2.80	

图 6-21　数据格式化

在 C2 单元格输入"=LN((2.827-B2)/B2)",回车;拖动 C2 单元格填充柄至 C8 单元格。

结果如图 6-22 所示。

	A	B	C
1	x	y	y'
2	2	0.30	2.1310056
3	4	0.86	0.8273324
4	6	1.73	-0.455542
5	8	2.20	-1.255266
6	10	2.47	-1.934238
7	12	2.67	-2.833588
8	14	2.80	-4.641538

图 6-22　数据变换

按【例 6-1】（3）对 x 和 y' 进行回归分析（输出区域为 D1）,结果如图 6-23 所示。

方差分析 $F = 287.28099$, $p = 1.3 \times 10^{-5} < 0.01$,这说明 x 和 y' 存在着极显著的线性关系和相关关系。回归方程是 $y' = 2.993762 - 0.51997x$。由于 $a' = \ln a$, $a = e^{-2.993762} = 19.96063$; $b' = -b$, $b = 0.51997$。

因此,

$$\hat{y} = \frac{2.827}{1 + 19.96063 e^{-0.51997x}}$$

相关指数的计算（略）。

6.3　多元线性回归

多个自变量 x_i 与一个依变量 y 的线性回归称为多元线性回归。样本多元一次线性回归方程为:

$$\hat{y} = a + b_1 x_1 + b_2 x_2 + \cdots + b_m x_m$$

式中，$b_i(i=1、2、\cdots、m)$——样本偏回归系数。

当 $m=3$ 时，如果不存在交互作用，则：

$$\hat{y} = a + b_1x_1 + b_2x_2 + b_3x_3$$

当 $m=3$ 时，如果存在交互作用，则：

$$\hat{y} = a + b_1x_1 + b_2x_2 + b_3x_3 + b_4x_1x_2 + b_5x_1x_3 + b_6x_2x_3$$

	D	E	F	G	H	I
1	SUMMARY OUTPUT					
2						
3	回归统计					
4	Multiple	0.99143				
5	R Square	0.982934				
6	Adjusted	0.979521				
7	标准误差	0.32427				
8	观测值	7				
9						
10	方差分析					
11		df	SS	MS	F	gnificance F
12	回归分析	1	30.28099	30.28099	287.9766	1.3E-05
13	残差	5	0.525754	0.105151		
14	总计	6	30.80674			
15						
16		Coefficient	标准误差	t Stat	P-value	Lower 95%	Up
17	Intercept	2.993762	0.274058	10.92383	0.000112	2.289273	3
18	x	-0.51997	0.030641	-16.9699	1.3E-05	-0.59873	-

图 6-23　回归分析结果

由于本节计算涉及建立正规方程组、矩阵及逆矩阵的计算、解方程、最优回归方程建立，回归与相关分析的计算相当庞大。因此，读者自行参阅相关统计教材。最优回归方程采用逐步回归分析法。

【例 6-7】　某猪场测定了 25 头育肥猪 4 个胴体性状，瘦肉量 $y(\text{kg})$、眼肌面积 $x_1(\text{cm}^2)$、腿肉量 $x_2(\text{kg})$、腰肉量 $x_3(\text{kg})$，如图 6-24 所示。请进行回归与相关分析。

（1）不考虑交互效应。

$$\hat{y} = a + b_1x_1 + b_2x_2 + b_3x_3$$

1）第一次回归。

在 Microsoft Excel 13.0 界面，单击"数据"选项卡，点击"数据分析"，弹出"数据分析"对话框。选择"回归"，点击"确定"按钮，弹出"回归"对话框，输入相关信息，如图 6-24 所示。"数据分析"加载方法见 1.4 节【例 1-6】(2)。

单击"确定"按钮后，结果如图 6-25 所示。

▲	A	B	C	D	...
1	x_1	x_2	x_3	y	
2	23.73	5.49	1.21	15.02	
3	22.34	4.32	1.35	12.62	
4	28.84	5.04	1.92	14.86	
5	27.67	4.72	1.49	13.98	
6	20.83	5.35	1.56	15.91	
7	22.27	4.27	1.50	12.47	
8	27.57	5.25	1.85	15.80	
9	28.01	4.62	1.51	14.32	
10	24.79	4.42	1.46	13.76	
11	28.96	5.30	1.66	15.18	
12	25.77	4.87	1.64	14.20	
13	23.17	5.80	1.90	17.07	
14	28.57	5.22	1.66	15.40	
15	23.52	5.18	1.98	15.94	
16	21.86	4.86	1.59	14.33	
17	28.95	5.18	1.37	15.11	
18	24.53	4.88	1.39	13.81	
19	27.65	5.02	1.66	15.58	
20	27.29	5.55	1.70	15.85	
21	29.07	5.26	1.82	15.28	
22	32.47	5.18	1.75	16.40	
23	29.65	5.08	1.70	15.02	
24	22.11	4.90	1.81	15.73	
25	22.43	4.65	1.82	14.75	
26	20.44	5.10	1.55	14.37	

回归 对话框

输入

Y 值输入区域(Y): $D$1:$D$26

X 值输入区域(X): $A$1:$C$26

☑ 标志(L) ☐ 常数为零(Z)

☐ 置信度(F) 95 %

输出选项

⦿ 输出区域(O): $E$1

○ 新工作表组(P):

○ 新工作簿(W):

残差

☐ 残差(R) ☐ 残差图(D)

☐ 标准残差(T) ☐ 线性拟合图(I)

正态分布

☐ 正态概率图(N)

确定 取消 帮助(H)

图 6-24 试验数据及"回归"对话框

▲	E	F	G	H	I	J
1	SUMMARY OUTPUT					
2						
3	回归统计					
4	Multiple	0.917313				
5	R Square	0.841463				
6	Adjusted	0.818814				
7	标准误差	0.462719				
8	观测值	25				
9						
10	方差分析					
11		df	SS	MS	F	gnificance F
12	回归分析	3	23.8648	7.954934	37.15361	1.4E-08
13	残差	21	4.496295	0.214109		
14	总计	24	28.3611			
15						
16		Coefficient	标准误差	t Stat	P-value	Lower 95% Upp
17	Intercept	0.856739	1.384092	0.61899	0.54258	-2.02164 3.
18	x1	0.018683	0.029559	0.632061	0.534168	-0.04279 0.
19	x2	2.07289	0.270149	7.673133	1.6E-07	1.511084 2.
20	x3	1.938053	0.513372	3.775141	0.001111	0.870437 3.

图 6-25 统计结果

方差分析差异显著，且所有的偏回归系数显著，为最优多元线性回归方程。如方差分析差异显著，但有几个偏回归系数不显著时，剔除不显著的、概率 p 最大的偏回归系数所对应的自变量，再重新进行多元线性回归，直至得到最优多元线性回归方程。

本题方差分析 $F = 37.15361$，$p = 1.4 \times 10^{-8} < 0.01$，这说明 y 与 x_1、x_2、x_3 之间存在着极显著的线性关系和相关关系。

但在偏回归系数假设检验中，只有 b_1 的概率 $p = 0.534168$（I18 单元格）> 0.05，不显著；而 b_2 的概率 $p = 1.6 \times 10^{-7}$（I19 单元格）< 0.01，b_3 的概率 $p = 0.001111$（I20 单元格）< 0.01，均差异极显著。因此，删除 x_1 变量，重新进行回归分析。

2）第二次回归。

删除 x_1 变量后，在"回归"对话框，输入相关信息，如图 6-26 所示。

	A	B	C
1	x_2	x_3	y
2	5.49	1.21	15.02
3	4.32	1.35	12.62
4	5.04	1.92	14.86
5	4.72	1.49	13.98
6	5.35	1.56	15.91
7	4.27	1.50	12.47
8	5.25	1.85	15.80
9	4.62	1.51	14.32
10	4.42	1.46	13.76
11	5.30	1.66	15.18
12	4.87	1.64	14.20
13	5.80	1.90	17.07
14	5.22	1.66	15.40
15	5.18	1.98	15.94
16	4.86	1.59	14.33
17	5.18	1.37	15.11
18	4.88	1.39	13.81
19	5.02	1.66	15.58
20	5.55	1.70	15.85
21	5.26	1.82	15.28
22	5.18	1.75	16.40
23	5.08	1.70	15.02
24	4.90	1.81	15.73
25	4.65	1.82	14.75
26	5.10	1.55	14.37

图 6-26 试验数据及"回归"对话框

单击"确定"按钮后，结果如图 6-27 所示。

	E	F	G	H	I	J
1	SUMMARY OUTPUT					
2						
3	回归统计					
4	Multiple	0.915667				
5	R Square	0.838447				
6	Adjusted	0.82376				
7	标准误差	0.456361				
8	观测值	25				
9						
10	方差分析					
11		df	SS	MS	F	gnificance F
12	回归分析	2	23.77926	11.88963	57.08893	1.96E-09
13	残差	22	4.581832	0.208265		
14	总计	24	28.3611			
15						
16		Coefficient	标准误差	t Stat	P-value	Lower 95% Up
17	Intercept	1.128324	1.297626	0.869529	0.393946	-1.56279 3.
18	x2	2.101934	0.262554	8.005725	5.83E-08	1.557431 2.
19	x3	1.976454	0.502759	3.931212	0.000713	0.933795 3.

图 6-27 统计结果

方差分析 $F = 57.08893$，$p = 1.96 \times 10^{-9} < 0.01$，这说明 y 与 x_2、x_3 之间存在着极显著的线性关系和相关关系。

在偏回归系数假设检验中，b_2 的概率 $p = 5.83 \times 10^{-8} < 0.01$，$b_3$ 的概率 $p = 0.000713 < 0.01$，均差异极显著。因此，本研究的最优回归方程为 $\hat{y} = 1.128324 + 2.101934x_2 + 1.976454x_3$。其相关系数 $R = 0.915667$，决定系数 $R^2 = 0.838447$。

（2）考虑交互效应。

$$\hat{y} = a + b_1 x_1 + b_2 x_2 + b_3 x_3 + b_4 x_1 x_2 + b_5 x_1 x_3 + b_6 x_2 x_3$$

1）第一次回归。

分别计算 $x_1 x_2$、$x_1 x_3$、$x_2 x_3$，在"回归"对话框，输入相关信息，如图 6-28 所示。

单击"确定"按钮后，结果如图 6-29 所示。

方差分析 $F = 21.20716$，$p = 2.99 \times 10^{-7} < 0.01$，这说明 y 与 x_1、x_2、x_3、$x_1 x_2$、$x_1 x_3$、$x_2 x_3$ 之间存在着极显著的线性关系和相关关系。

在偏回归系数假设检验中，均差异不显著，但 b_6 的概率 $p = 0.514483$ 最大，因此删除 $x_2 x_3$，再进行回归分析。

2）第二次回归。

在"回归"对话框，输入相关信息，如图 6-30 所示。

	A	B	C	D	E	F	G
1	x_1	x_2	x_3	x_1x_2	x_1x_3	x_2x_3	y
2	23.73	5.49	1.21	130.28	28.71	6.64	15.02
3	22.34	4.32	1.35	96.51	30.16	5.83	12.62
4	28.84	5.04	1.92	145.35	55.37	9.68	14.86
5	27.67	4.72	1.49	130.60	41.23	7.03	13.98
6	20.83	5.35	1.56	111.44	32.49	8.35	15.91
7	22.27	4.27	1.50	95.09	33.41	6.41	12.47
8	27.57	5.25	1.85	144.74	51.00	9.71	15.80
9	28.01	4.62	1.51	129.41	42.30	6.98	14.32
10	24.79	4.42	1.46	109.57	36.19	6.45	13.76
11	28.96	5.30	1.66	153.49	48.07	8.80	15.18
12	25.77	4.87	1.64	125.50	42.26	7.99	14.20
13	23.17	5.80	1.90	134.39	44.02	11.02	17.07
14	28.57	5.22	1.66	149.14	47.43	8.67	15.40
15	23.52	5.18	1.98	121.83	46.57	10.26	15.94
16	21.86	4.86	1.59	106.24	34.76	7.73	14.33
17	28.95	5.18	1.37	149.96	39.66	7.10	15.11
18	24.53	4.88	1.39	119.71	34.10	6.78	13.81
19	27.65	5.02	1.66	138.80	45.90	8.33	15.58
20	27.29	5.55	1.70	151.46	46.39	9.44	15.85
21	29.07	5.26	1.82	152.91	52.91	9.57	15.28
22	32.47	5.18	1.75	168.19	56.82	9.07	16.40
23	29.65	5.08	1.70	150.62	50.41	8.64	15.02
24	22.11	4.90	1.81	108.34	40.02	8.87	15.73
25	22.43	4.65	1.82	104.30	40.82	8.46	14.75
26	20.44	5.10	1.55	104.24	31.68	7.91	14.37

图 6-28 计算数据及 "回归" 对话框

	H	I	J	K	L	M
1	SUMMARY OUTPUT					
2						
3	回归统计					
4	Multiple	0.935986				
5	R Square	0.87607				
6	Adjusted	0.83476				
7	标准误差	0.44189				
8	观测值	25				
9						
10	方差分析					
11		df	SS	MS	F	gnificance F
12	回归分析	6	24.8463	4.14105	21.20716	2.99E-07
13	残差	18	3.514799	0.195267		
14	总计	24	28.3611			
15						
16		Coefficient	标准误差	t Stat	P-value	Lower 95% Upp
17	Intercept	-29.8771	16.75018	-1.78369	0.091343	-65.0679 5.
18	x1	1.006792	0.573349	1.755983	0.096092	-0.19777 2.
19	x2	5.663554	3.332073	1.699709	0.106401	-1.33687 12
20	x3	13.66852	7.816149	1.748753	0.097366	-2.7526 30
21	x1x2	-0.09684	0.114683	-0.84441	0.409522	-0.33778 0.
22	x1x3	-0.29853	0.187872	-1.58901	0.129468	-0.69323 0.
23	x2x3	-0.82211	1.23626	-0.665	0.514483	-3.4194 1.

图 6-29 统计结果

	A	B	C	D	E	F
1	x_1	x_2	x_3	x_1x_2	x_1x_3	y
2	23.73	5.49	1.21	130.28	28.71	15.02
3	22.34	4.32	1.35	96.51	30.16	12.62
4	28.84	5.04	1.92	145.35	55.37	14.86
5	27.67	4.72	1.49	130.60	41.23	13.98
6	20.83	5.35	1.56	111.44	32.49	15.91
7	22.27	4.27	1.50	95.09	33.41	12.47
8	27.57	5.25	1.85	144.74	51.00	15.80
9	28.01	4.62	1.51	129.41	42.30	14.32
10	24.79	4.42	1.46	109.57	36.19	13.76
11	28.96	5.30	1.66	153.49	48.07	15.18
12	25.77	4.87	1.64	125.50	42.26	14.20
13	23.17	5.80	1.90	134.39	44.02	17.07
14	28.57	5.22	1.66	149.14	47.43	15.40
15	23.52	5.18	1.98	121.83	46.57	15.94
16	21.86	4.86	1.59	106.24	34.76	14.33
17	28.95	5.18	1.37	149.96	39.66	15.11
18	24.53	4.88	1.39	119.71	34.10	13.81
19	27.65	5.02	1.66	138.80	45.90	15.58
20	27.29	5.55	1.70	151.46	46.39	15.85
21	29.07	5.26	1.82	152.91	52.91	15.28
22	32.47	5.18	1.75	168.19	56.82	16.40
23	29.65	5.08	1.70	150.62	50.41	15.02
24	22.11	4.90	1.81	108.34	40.02	15.73
25	22.43	4.65	1.82	104.30	40.82	14.75
26	20.44	5.10	1.55	104.24	31.68	14.37

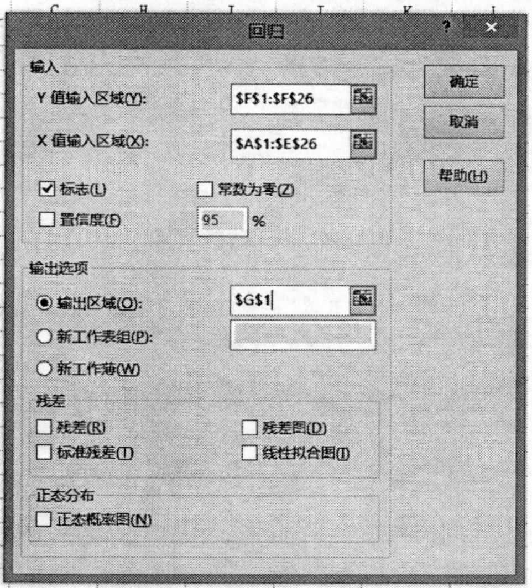

回归 ? ×

输入

Y 值输入区域(Y): $F$1:$F$26

X 值输入区域(X): $A$1:$E$26

☑ 标志(L)　　　☐ 常数为零(Z)

☐ 置信度(F)　　95 %

输出选项

◉ 输出区域(O): $G$1

○ 新工作表组(P):

○ 新工作簿(W)

残差

☐ 残差(R)　　　☐ 残差图(D)

☐ 标准残差(T)　　☐ 线性拟合图(I)

正态分布

☐ 正态概率图(N)

确定　取消　帮助(H)

图 6-30　计算数据及"回归"对话框

单击"确定"按钮后，结果如图 6-31 所示。

	G	H	I	J	K	L
1	SUMMARY OUTPUT					
2						
3	回归统计					
4	Multiple	0.934358				
5	R Square	0.873025				
6	Adjusted	0.839611				
7	标准误差	0.435355				
8	观测值	25				
9						
10	方差分析					
11		df	SS	MS	F	gnificance F
12	回归分析	5	24.75995	4.951989	26.12715	6.75E-08
13	残差	19	3.60115	0.189534		
14	总计	24	28.3611			
15						
16		Coefficient	标准误差	t Stat	P-value	Lower 95%Upp
17	Intercept	-23.6573	13.69005	-1.72806	0.100196	-52.3109 4.
18	x1	1.022149	0.564412	1.810997	0.085983	-0.15918 2.
19	x2	4.423587	2.720668	1.625919	0.120439	-1.27084 10
20	x3	9.514379	4.628307	2.055693	0.053818	-0.17278 19
21	x1x2	-0.09865	0.112956	-0.87335	0.393378	-0.33507 0.
22	x1x3	-0.30166	0.185036	-1.63026	0.119513	-0.68894 0.

图 6-31　统计结果

方差分析 $F = 26.12715$，$p = 6.75 \times 10^{-8} < 0.01$，这说明 y 与 x_1、x_2、x_3、x_1x_2、x_1x_3 之间存在着极显著的线性关系和相关关系。

在偏回归系数假设检验中，均差异不显著，但 b_4 的概率 $p = 0.393378$ 最大，因此删除 x_1x_2，再进行回归分析。

3）第三次回归。

在"回归"对话框，输入相关信息，如图 6-32 所示。

	A	B	C	D	E
1	x_1	x_2	x_3	x_1x_3	y
2	23.73	5.49	1.21	28.71	15.02
3	22.34	4.32	1.35	30.16	12.62
4	28.84	5.04	1.92	55.37	14.86
5	27.67	4.72	1.49	41.23	13.98
6	20.83	5.35	1.56	32.49	15.91
7	22.27	4.27	1.50	33.41	12.47
8	27.57	5.25	1.85	51.00	15.80
9	28.01	4.62	1.51	42.30	14.32
10	24.79	4.42	1.46	36.19	13.76
11	28.96	5.30	1.66	48.07	15.18
12	25.77	4.87	1.64	42.26	14.20
13	23.17	5.80	1.90	44.02	17.07
14	28.57	5.22	1.66	47.43	15.40
15	23.52	5.18	1.98	46.57	15.94
16	21.86	4.86	1.59	34.76	14.33
17	28.95	5.18	1.37	39.66	15.11
18	24.53	4.88	1.39	34.10	13.81
19	27.65	5.02	1.66	45.90	15.58
20	27.29	5.55	1.70	46.39	15.85
21	29.07	5.26	1.82	52.91	15.28
22	32.47	5.25	1.75	56.82	16.40
23	29.65	5.08	1.70	50.41	15.02
24	22.11	4.90	1.81	40.02	15.73
25	22.43	4.65	1.82	40.82	14.75
26	20.44	5.10	1.55	31.68	14.37

图 6-32 计算数据及"回归"对话框

单击"确定"按钮后，结果如图 6-33 所示。

方差分析 $F = 32.85806$，$p = 1.56 \times 10^{-8} < 0.01$，这说明 y 与 x_1、x_2、x_3、x_1x_3 之间存在着极显著的线性关系和相关关系。

在偏回归系数假设检验中，只有 b_1 和 b_5 差异不显著，但 b_5 的概率 $p = 0.059043$ 最大，因此删除 x_1x_3。由此可见，x_1、x_2、x_3 之间不存在交互效应。接下来的回归分析与（1）不考虑交互效应的步骤相同。

如果存在交互效应，一直进行回归分析，直到得到最优回归方程。

6.4   多项式回归

6.4.1   一元多项式回归

如果 y 与 x 既不是线性关系，也不是曲线关系，这时可选用一元多项式回归

	F	G	H	I	J	K
1	SUMMARY OUTPUT					
2						
3	回归统计					
4	Multiple	0.931626				
5	R Square	0.867928				
6	Adjusted	0.841513				
7	标准误差	0.432765				
8	观测值	25				
9						
10	方差分析					
11		df	SS	MS	F	gnificance F
12	回归分析	4	24.61538	6.153845	32.85806	1.56E-08
13	残差	20	3.745715	0.187286		
14	总计	24	28.3611			
15						
16		Coefficient	标准误差	t Stat	P-value	Lower 95%Upp
17	Intercept	-13.5825	7.327959	-1.85352	0.078619	-28.8684 1.
18	x1	0.601468	0.292423	2.056842	0.052982	-0.00852 1.
19	x2	2.057898	0.252772	8.141327	8.88E-08	1.530625 2.
20	x3	10.69453	4.400315	2.4304	0.024618	1.515629 19
21	x1x3	-0.35079	0.175227	-2.00192	0.059043	-0.71631 0.

图 6-33 统计结果

方程进行描述。

一元 m 次多项式回归方程为：

$$\hat{y} = a + b_1 x + b_2 x^2 + \cdots + b_m x^m$$

令 $x_1 = x$、$x_2 = x^2$、$\cdots$、$x_m = x^m$，则一元 m 次多项式回归方程就转化为 m 元线性回归方程，用 6.3 节的方法进行回归：

$$\hat{y} = a + b_1 x_1 + b_2 x_2 + \cdots + b_m x_m$$

最后，将 $x_1 \sim x_m$ 还原。

对于 n 对观测值最多只能配到 $m = n-1$ 次多项式。m 取值应根据资料的二维散点图确定。散点所表现的曲线趋势的"峰"+"谷"+1，即为 m 值，若散点波动大或峰谷两侧不对称，可再高一次或二次。

【例 6-8】 给动物口服某种药物 1000mg，每间隔 1 小时（x，h）测定血药浓度 y(mg/L)，如图 6-34 所示。请建立 x 与 y 的回归方程。

（1）绘制散点图并加入趋势线。

按【例 6-1】方法绘制散点图，在图中可见只有一个峰，左右较为对称，m 取 2，因此进行一元二次多项式回归。

$$\hat{y} = a + b_1 x + b_2 x^2$$

在添加趋势线时，在"趋势线选项"，选择"多项式（P）"，"顺序（D）"

中输入"2"，同时勾选"显示公式（E）"和"显示 R 平方值（R）"，结果如图 6-34 所示。

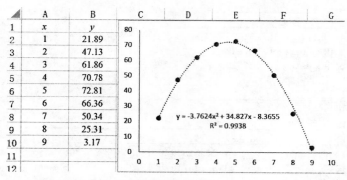

	A	B
1	x	y
2	1	21.89
3	2	47.13
4	3	61.86
5	4	70.78
6	5	72.81
7	6	66.36
8	7	50.34
9	8	25.31
10	9	3.17
11		
12		

图 6-34　散点图

（2）数据分析。

按【例 6-7】进行回归，结果如图 6-35 所示。

	A	B	C	D	E	F	G	H	I
1	x	x^2	y	SUMMARY OUTPUT					
2	1	1	21.89						
3	2	4	47.13	回归统计					
4	3	9	61.86	Multiple	0.996897				
5	4	16	70.78	R Square	0.993804				
6	5	25	72.81	Adjusted	0.991738				
7	6	36	66.36	标准误差	2.240113				
8	7	49	50.34	观测值	9				
9	8	64	25.31						
10	9	81	3.17	方差分析					
11					df	SS	MS	F	Significance F
12				回归分析	2	4829.128	2414.564	481.1703	2.37886E-07
13				残差	6	30.10864	5.018107		
14				总计	8	4859.236			
15									
16					Coefficient	标准误差	t Stat	P-value	Lower 95%
17				Intercept	-8.36548	2.85036	-2.93488	0.026121	-15.34005664
18				x	34.82693	1.308774	26.61033	1.86E-07	31.62447067
19				x2	-3.76236	0.127642	-29.4758	1.01E-07	-4.074688745

图 6-35　回归统计结果

方差分析 $F = 481.1703$，$p = 2.37886 \times 10^{-7} < 0.01$，这说明 y 与 x、x^2 之间存在着极显著的线性关系和相关关系。

偏回归系数假设检验结果中，b_1 的概率 $p = 1.86 \times 10^{-7} < 0.01$，$b_2$ 的概率 $p = 1.01 \times 10^{-7} < 0.01$，均差异极显著。因此，本研究的最优回归方程为 $\hat{y} = -8.36548 + 34.82693x - 3.76236x^2$。

6.4.2 多元多项式回归

多元多次多项式回归方程计算量庞大。现以二元二次多项式回归方程为例进行说明，方程为：

$$\hat{y} = a + b_1x_1 + b_2x_2 + b_3x_1^2 + b_4x_2^2 + b_5x_1x_2$$

令 $z_1 = x_1$、$z_2 = x_2$、$z_3 = x_1^2$、$z_4 = x_2^2$、$z_5 = x_1x_2$，则二元二次多项式回归方程就转化为五元线性回归方程：

$$\hat{y} = a + b_1z_1 + b_2z_2 + b_3z_3 + b_4z_4 + b_5z_5$$

这样，利用 6.3 节的知识进行回归与相关分析，将建立的最优多元线性方程的变量还原为原变量。

【例 6-9】 研究了氮肥用量 x_1（kg/亩）和水灌溉量 x_2（m^3/亩）对棉花产量 y（kg/亩）的影响，数据如图 6-36 所示，请建立回归二元二次回归方程。

令 $z_1 = x_1$、$z_2 = x_2$、$z_3 = x_1^2$、$z_4 = x_2^2$、$z_5 = x_1x_2$。

	A	B	C	D	E	F
	z_1	z_2	z_3	z_4	z_5	y
1						
2	0	200	0	40000	0	266
3	0	280	0	78400	0	380
4	0	260	0	67600	0	374.7
5	20	200	400	40000	4000	285.5
6	20	280	400	78400	5600	421.3
7	20	260	400	67600	5200	370.3
8	30	200	900	40000	6000	276.7
9	30	280	900	78400	8400	394.2
10	30	260	900	67600	7800	375.2

图 6-36　试验数据

按【例 6-7】进行逐步回归，建立最优回归方程，结果如图 6-37 所示。

方差分析 $F = 69.3294$，$p = 7.13541 \times 10^{-5} < 0.01$，这说明 y 与 z_2、z_4 之间存在着极显著的线性关系和相关关系。

在偏回归系数假设检验中，b_2 的概率 $p = 0.00015 < 0.01$，b_4 的概率 $p = 0.00024 < 0.01$，均差异极显著。因此，本研究的最优回归方程为 $\hat{y} = -675.475 + 7.062917z_2 - 0.01153z_4$。

还原变量后，$\hat{y} = -675.475 + 7.062917x_2 - 0.01153x_2^2$。

6.5　规划求解

得到最优多项式回归方程后，需要计算极值（最大值或最小值）以及自变量的参数，以获得最佳工艺条件。传统方法是对回归方程进行求导来获得。在 Excel 中可用"规划求解"解决。

	G	H	I	J	K	L
1	SUMMARY OUTPUT					
2						
3	回归统计					
4	Multiple	0.979042				
5	R Square	0.958523				
6	Adjusted	0.944697				
7	标准误差	13.45267				
8	观测值	9				
9						
10	方差分析					
11		df	SS	MS	F	Significance F
12	回归分析	2	25093.71	12546.85	69.3294	7.13541E-05
13	残差	6	1085.847	180.9744		
14	总计	8	26179.56			
15						
16		Coefficient	标准误差	t Stat	P-value	Lower 95%
17	Intercept	-675.475	111.9401	-6.03425	0.00094	-949.3826572
18	z2	7.062917	0.835168	8.456881	0.00015	5.019334068
19	z4	-0.01153	0.001486	-7.75473	0.00024	-0.015162947

图 6-37　回归统计结果

同分析工具库一样，规划求解必须加载后才能使用。

对于 Microsoft Excel 2000、2002（XP）和 2003 版本，单击"工具（T）…"菜单，选择"加载宏（i）…"，弹出"加载宏"对话框，勾选"规划求解"复选框，单击"确定"按钮。结束后，再次单击"工具（T）…"菜单，就会显示出添加的"规划求解"。

对于 Microsoft Excel 2010 和 2013 版本，单击"文件"按钮，在左侧单击"选项"命令，弹出"Excel 选项"对话框，切换到"加载项"选项卡，在"管理"下拉列表中选择"Excel 加载项"选项。单击"转到"按钮，弹出"加载宏"对话框，勾选"规划求解加载项"复选框，再单击"确定"按钮。这样在"数据"功能区最右侧就会出现"规划求解"工具。

【例 6-10】　对【例 6-8】的方程 $\hat{y}=-8.36548+34.82693x-3.76236x^2$ 求最大值及所对应的时间。

数据格式化如图 6-38 所示。

	A	B	C	D
1			自变量范围	
2	x		1	9
3	y	-8.36548		

图 6-38　数据格式化

其中，B3 单元格输入 "=−8.36548+34.82693 * B2−3.76236 * B2 * B2"。

在 Excel 2013 中，点击 "数据" 选项卡，选择最右侧的 "规划求解"。弹出 "规划求解参数" 对话框，如图 6−39 所示。

图 6−39 "规划求解参数" 对话框

在 "设置目标" 中输入 "$B$3"，在 "通过更改可变单元格" 中输入 "$B$2"。

在 "遵守约束" 中单击 "添加" 按钮，弹出 "添加约束" 对话框，输入相关信息，点击 "添加" 按钮，再输入相关信息，再点击 "添加" 按钮，如图 6−40 所示。最后关闭 "添加约束" 对话框，返回 "规划求解参数" 对话框，如图 6−41 所示。

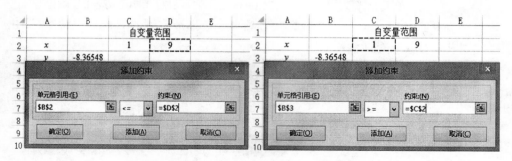

图 6-40 "添加约束"对话框

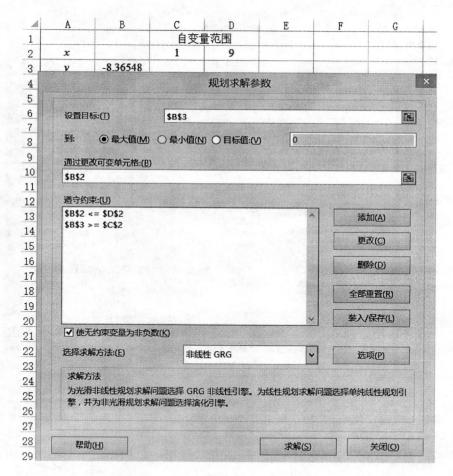

图 6-41 "规划求解参数"对话框

点击"求解（S）"按钮，弹出"规划求解结果"对话框，如图 6-42 所示。

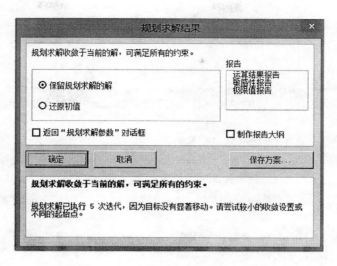

图 6-42 "规划求解结果"对话框

点击"确定"按钮，结果如图 6-43 所示。

	A	B	C	D
1		自变量范围		
2	x	4.6283356	1	9
3	y	72.229881		

图 6-43 统计结果

图 6-43 表明，当 $x=4.6283356$ 时，该方程的最大值 $y_{max}=72.229881$。

【**例 6-11**】 求方程 $\hat{y}=-732.484+55.6923x_1-1.5805x_2-0.8623x_1^2$ 最大值及所对应的 x_1 和 x_2 的值。

数据格式化如图 6-44 所示。

	A	B	C	D
1		自变量范围		
2	x_1		20	35
3	x_2		10	50
4	y	-732.484		

图 6-44 数据格式化

其中，B4 单元格输入"$=-732.484+55.6923*B2-1.5805*B3-0.8623*B2*B2$"。

在"规划求解参数"对话框中输入相关信息，如图 6-45 所示。

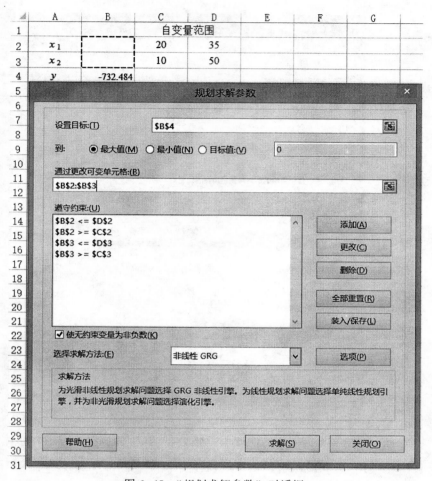

图 6-45　"规划求解参数"对话框

规划求解的结果如图 6-46 所示。

	A	B	C	D
1			自变量范围	
2	x_1	32.29288	20	35
3	x_2	10	10	50
4	y	150.94337		

图 6-46　统计结果

图 6-46 表明，当 $x_1 = 32.29288$，$x_2 = 32.29288$ 时，该方程的最大值 $y_{\max}$ = 150.94337。

7 协方差分析

本章数字资源

协方差分析是将方差分析与回归分析结合起来的一种统计分析方法。变量 y 除了受到各因素水平影响外，还受到试验对象或试验条件等难以人为控制的变量 x 的影响。如果 x 与 y 之间可建立回归方程，就可排除 x 对 y 的影响，然后就可用方差分析的方法对各因素水平的影响进行统计分析。

本章介绍最常用的单向分组的协方差分析，即有 k 组数据，每组样本含有 n 对 (x, y) 观测值。有关统计量的计算参见单因素方差分析 5.1.1 节和一元线性回归 6.1.1 节。各组 x 和 y 仍需异常值检验和正态性检验，分别见 1.2 节和 1.3 节。

7.1 方差齐性检验

首先计算各组的残差平方和：

$$SS_e^{Gi} = SS_y^{Gi} - (SP_{xy}^{Gi})^2/SS_x^{Gi} \quad i = 1, 2, \cdots, k$$

选取最大的和最小的残差平方和，计算 $F_{\max}$：

$$F_{\max} = SS_{e(\max)}^{Gi}/SS_{e(\min)}^{Gi}$$

查附表 8，当 k、$df = n-2$ 时的临界值 $F_{\max(0.05)}$，如果 $F_{\max} < F_{\max(0.05)}$，方差齐性。

7.2 检验各组回归直线是否平行

计算组内残差的平方和、x 的平方和、y 的平方和、x 与 y 的乘积和：

$$SS_e^G = \sum_{i=1}^{k} SS_e^{Gi} \quad SS_x^G = \sum_{i=1}^{k} SS_x^{Gi}$$

$$SS_y^G = \sum_{i=1}^{k} SS_y^{Gi} \quad SP_{xy}^G = \sum_{i=1}^{k} SP_{xy}^{Gi}$$

计算各组直线的公共回归系数 b^* 和误差平方和 SS_e：

$$b^* = SP_{xy}^G/SS_x^G \quad SS_e = SS_y^G - (SP_{xy}^G)^2/SS_x^G$$

$$H_0: \beta_1 = \beta_2 = \cdots = \beta; \quad H_1: \beta_1、\beta_2、\cdots、\beta \text{ 不全相等}$$

接受 H_0，就说明各组直线是平行的，有公共回归系数 b^*。由于 SS_e^G 完全是随机误差引起的，而用共同的 b^* 计算的 SS_e 包含了随机误差及各组回归系数 b_i 的差异影响，据此列出方差分析表，见表 7-1。

表 7-1   各组回归直线平行性检验

变异来源	SS	df	MS	F	$F_{0.05}$
组间	$SS_b = SS_e - SS_e^G$	$df_b = k - 1$	$MS_b = \dfrac{SS_b}{df_b}$	$F = \dfrac{MS_b}{MS_e^G}$	$F_{df_b,\ df_e^G,\ 0.05}$
组内	SS_e^G	$df_e^G = k(n-2)$	$MS_e^G = \dfrac{SS_e^G}{df_e^G}$		
总计	SS_e	$df_e = k(n-1) - 1$			

$F < F_{0.05}$，则 $p > 0.05$，差异不显著，接受 H_0：说明各组直线是平行的或者相等，有公共回归系数。

7.3   公共回归系数的显著性检验

通过公共回归系数 b^* 的显著性检验判断 x 与 y 间有无线性关系，见表 7-2。

H_0：$\beta = 0$，x 与 y 间无线性关系；H_A：$\beta \neq 0$，x 与 y 间存在线性关系

表 7-2   公共回归系数的显著性检验

变异来源	SS	df	MS	F	$F_{0.05}$	$F_{0.01}$
回归	$SS_R = SS_y^G - SS_e$	$df_R = 1$	$MS_R = \dfrac{SS_R}{df_R}$	$F = \dfrac{MS_R}{MS_e}$	$F_{df_R,\ df_e,\ 0.05}$	$F_{df_R,\ df_e,\ 0.01}$
离回归	SS_e	$df_e = k(n-1) - 1$	$MS_e = \dfrac{SS_e}{df_e}$			
总计	SS_y^G	$df_e = k(n-1)$				

$F < F_{0.05}$，则 $p > 0.05$，接受 H_0：x 与 y 之间不呈线性关系，直接对各组 y 做单因素方差分析；$F \geqslant F_{0.05}$ 或 $F \geqslant F_{0.01}$，则 $p \leqslant 0.05$ 或 $p \leqslant 0.01$，接受 H_A：x 与 y 之间存在着显著或极显著的线性关系。

7.4   协方差分析

将各组的 x 和 y 放在一起，计算 SS_x、SS_y 和 SP_{xy}，再用公共回归系数计算矫正后的 y 值 y'，然后进行方差分析。统计学证明，不需计算 y' 也可进行方差分析，见表 7-3。

表 7-3   协方差分析

变异来源	SS	df	MS	F	$F_{0.05}$	$F_{0.01}$
组间	$SS_t' = SS_T' - SS_e$	$df_t' = k - 1$	$MS_t' = \dfrac{SS_t'}{df_t'}$	$F = \dfrac{MS_t'}{MS_e}$	$F_{df_t',\ df_e,\ 0.05}$	$F_{df_t',\ df_e,\ 0.01}$

续表 7-3

变异来源	SS	df	MS	F	$F_{0.05}$	$F_{0.01}$
组内	SS_e	$df_e = k(n-1) - 1$	$MS_e = \dfrac{SS_e}{df_e}$			
总计	$SS'_T = SS_y - \dfrac{(SP_{xy})^2}{SS_x}$	$df_T = kn - 2$				

$F < F_{0.05}$，则 $p > 0.05$，接受 H_0：矫正后的 y 值平均数间差异不显著，无须作多重比较；$F \geqslant F_{0.05}$ 或 $F \geqslant F_{0.01}$，则 $p \leqslant 0.05$ 或 $p \leqslant 0.01$，接受 H_A：矫正后的 y 值平均数间差异显著或极显著，须作多重比较。

7.5 多重比较

第 i 组 y 值的矫正平均数 $\bar{y}'_i$ 为：

$$\bar{y}'_i = \bar{y}_i - b^*(\bar{x}_i - \bar{x})$$

两个矫正平均数差数 $\bar{y}'_i - \bar{y}'_j$ 的标准误 $s_{\bar{y}'_i - \bar{y}'_j}$ 为：

$$s_{\bar{y}'_i - \bar{y}'_j} = \sqrt{MS'_e\left[\frac{2}{n} + \frac{(\bar{x}_i - \bar{x}_j)^2}{SS_x^G}\right]}$$

多重比较采用 t 检验：

$$t = \frac{|\bar{y}'_i - \bar{y}'_j|}{s_{\bar{y}'_i - \bar{y}'_j}}$$

只要 $|t| \geqslant t_{\alpha(df_e)}$，即为在 α 水平上差异显著或极显著。

【例 7-1】 为比较三种不同配合饲料的效应，现对 24 头猪随机分成三组进行不同饲料（A_1、A_2、A_3）喂养试验，测定结果见表 7-4，x 为始重，y 为增重。试分析三种配合饲料对猪的增重有无明显差异。

表 7-4 试验数据

A_1		A_2		A_3	
x_1	y_1	x_2	y_2	x_3	y_3
15	85	17	97	22	89
13	83	16	90	24	91
11	65	18	100	20	83
12	76	18	95	23	95
12	80	21	103	25	100
16	91	22	106	27	102
14	84	19	99	30	105
17	90	18	94	32	110

（1）录入数据。

将各组的 x 和 y 值分别录入 sheet2 和 sheet3 工作表中，并将 sheet2 和 sheet3 改为 x 和 y，如图 7-1 所示。

	A	B	C
1	A1	A2	A3
2	15	17	22
3	13	16	24
4	11	18	20
5	12	18	23
6	12	21	25
7	16	22	27
8	14	19	30
9	17	18	32

	A	B	C
1	A1	A2	A3
2	85	97	89
3	83	90	91
4	65	100	83
5	76	95	95
6	80	103	100
7	91	106	102
8	84	99	105
9	90	94	110

图 7-1　录入数据

（2）在 sheet1 中计算相关数据。

数据格式化如图 7-2 所示。

	H	I	J	K	L	M	N
1		A1	A2	A3	A4	A5	合计
2	$SS_x{}^{Gi}$						
3	$SS_y{}^{Gi}$						
4	$SP_{xy}{}^{Gi}$						
5	$SS_e{}^{Gi}$						
6	x 平均						
7	y 平均						
8	矫正后的 y 平均						
9	n		k				
10	$b*$		SS_x				
11	SS_y		SP_{xy}				
12							
13		矫正后的 y 平均		x 平均			
14	A1						
15	A2						
16	A3						
17	A4						
18	A5						

图 7-2　数据格式化

在 I2 单元格输入"=DEVSQ（x！A:A）"，回车；拖动 I2 单元格填充柄至 K2 单元格。

在 I3 单元格输入"=DEVSQ（y！A:A）"，回车；拖动 I3 单元格填充柄至 K3 单元格。

在 I4 单元格输入"=COVARIANCE.P（x！A:A,y！A:A）*\$I\$9"，回车；拖动 I4 单元格填充柄至 K4 单元格。

在 I5 单元格输入"=I3-I4*I4/I2",回车;并动 I5 单元格填充柄至 K5 单元格。

在 I6 单元格输入"=AVERAGE(x! A:A)",回车;拖动 I6 单元格填充柄至 K6 单元格。

在 I7 单元格输入"=AVERAGE(y! A:A)",回车;拖动 I7 单元格填充柄至 K7 单元格。

在 I8 单元格输入"I7-$I$10*(I6-$L$6)",回车;拖动 I8 单元格填充柄至 K8 单元格。

在 N2 单元格输入"=SUM(I2:M2)",回车;拖动 N2 单元格填充柄至 N5 单元格。

在 N6 单元格输入"=AVERAGE(x! A:E)",回车。

在 I9 单元格输入"=COUNT(x! A:A)",回车。

在 I10 单元格输入"=L4/L2",回车。

在 I11 单元格输入"=DEVSQ(y! A:E)",回车。

在 K9 单元格输入"=COUNTA(x! 1:1)",回车。

在 K10 单元格输入"=DEVSQ(x! A:E)",回车。

在 K11 单元格输入"=COVARIANCE.P(x! A:E,y! A:E)*K9*I9",回车。

在 I14 单元格输入"=OFFSET(I$8,0,RIGHT(H14,1)-1)",回车;拖动 I14 单元格填充柄至 I18 单元格。

在 K14 单元格输入"=OFFSET(I$6,0,RIGHT(H14,1)-1)",回车;拖动 K14 单元格填充柄至 K18 单元格。

结果如图 7-3 所示。

	H	I	J	K	L	M	N
1		A1	A2	A3	A4	A5	合计
2	SS_x^{Gi}	31.5	27.875	115.88			175.25
3	SS_y^{Gi}	487.5	184	566.88			1238.375
4	SP_{xy}^{Gi}	110.5	65	245.38			420.875
5	SS_e^{Gi}	99.873	32.43	47.273			179.5764
6	x平均	13.75	18.625	25.375			19.25
7	y平均	81.75	98	96.875			
8	矫正后的y平均	94.959	99.501	82.165			
9	n	8	k	3			
10	$b*$	2.4016	SS_x	720.5			
11	SS_y	2556	SP_{xy}	1080.8			
12							
13		矫正后的y平均		x平均			
14	A1	94.959		13.75			
15	A2	99.501		18.625			
16	A3	82.165		25.375			
17	A4	0		0			
18	A5	0		0			

图 7-3　统计结果

（3）方差齐性检验和检验各组回归直线是否平行。

在 sheet1 中，进行方差齐性检验和检验各组回归直线是否平行，数据格式化如图7-4所示。

	A	B	C	D	E	F
1	(1)方差齐性检验					
2		F_{max}		$F_{max(0.05)}$		
3	(2)检验各组回归直线是否平行					
4	变异来源	SS	df	MS	F	p
5	组间					
6	组内					
7	总计					

图7-4 数据格式化

在 C2 单元格输入"=MAX(I5:K5)/MIN(I5:K5)"，回车。

查附表8，当 $k=3$、$df=n-2=8-2=6$ 时的临界值 $F_{max(0.05)}=8.38$，填入 E2 单元格。

在 F2 单元格输入"=IF(C2<E2,"方差齐性","方差不齐")"，回车。

在 B5 单元格输入"=B7-B6"，回车。

在 B6 单元格输入"=L5"，回车。

在 B7 单元格输入"=L3-L4^2/L2"，回车。

在 C5 单元格输入"=K9-1"，回车。

在 C6 单元格输入"=K9*(I9-2)"，回车。

在 C7 单元格输入"=C5+C6"，回车。

在 D5 单元格输入"=B5/C5"，回车；拖动 D5 单元格填充柄至 D6 单元格。

在 E5 单元格输入"=D5/D6"，回车。

在 F5 单元格输入"=F. DIST. RT(E5,C5,C6)"，回车。

结果如图7-5所示。

	A	B	C	D	E	F
1	(1)方差齐性检验					
2		F_{max}	3.079602	$F_{max(0.05)}$	8.38	方差齐性
3	(2)检验各组回归直线是否平行					
4	变异来源	SS	df	MS	F	p
5	组间	48.03814	2	24.01907	2.407572	0.118425
6	组内	179.5764	18	9.976468		
7	总计	227.6146	20			

图7-5 统计结果

方差齐性检验中，$F_{max}=3.079602 < F_{max(0.05)}=8.38$，方差齐性。

　　检验各组回归直线是否平行，$p=0.118425>0.05$，差异不显著，说明各组直线是平行的或者斜率是相等的，有公共回归系数。

　　（4）公共回归系数的显著性检验和协方差分析。

　　在 sheet1 中，进行公共回归系数的显著性检验和协方差分析，数据格式化如图 7-6 所示。

	A	B	C	D	E	F
8	(3)公共回归系数的显著性检验					
9	变异来源	*SS*	*df*	*MS*	*F*	*p*
10	回归					
11	离回归					
12	总计					
13	(4)协方差分析					
14	变异来源	*SS*	*df*	*MS*	*F*	*p*
15	组间					
16	组内					
17	总计					

图 7-6　数据格式化

　　在 B10 单元格输入 "=B12-B11"，回车。

　　在 B11 单元格输入 "=B7"，回车。

　　在 B12 单元格输入 "=L3"，回车。

　　在 C10 单元格输入 "1"，回车。

　　在 C11 单元格输入 "=C7"，回车。

　　在 C12 单元格输入 "=C10+C11"，回车。

　　在 D10 单元格输入 "=B10/C10"，回车；拖动 D10 单元格填充柄至 D11 单元格。

　　在 E10 单元格输入 "=D10/D11"，回车。

　　在 F10 单元格输入 "=F. DIST. RT(E10,C10,C11)"，回车。

　　在 B15 单元格输入 "=B17-B16"，回车。

　　在 B16 单元格输入 "=B11"，回车。

　　在 B17 单元格输入 "=I11-K11^2/K10"，回车。

　　在 C15 单元格输入 "=C17-C16"，回车。

　　在 C16 单元格输入 "=C11"，回车。

　　在 C17 单元格输入 "=K9＊I9-2"，回车。

　　在 D15 单元格输入 "=B15/C15"，回车；拖动 D15 单元格填充柄至 D16 单元格。

　　在 E15 单元格输入 "=D15/D16"，回车。

　　在 F15 单元格输入 "=F. DIST. RT(E15,C15,C16)"，回车。

结果如图7-7所示。

	A	B	C	D	E	F
8	(3)公共回归系数的显著性检验					
9	变异来源	*SS*	*df*	*MS*	*F*	*p*
10	回归	1010.76	1	1010.76	88.81333	8.496E-09
11	离回归	227.6146	20	11.38073		
12	总计	1238.375	21			
13	(4)协方差分析					
14	变异来源	*SS*	*df*	*MS*	*F*	*p*
15	组间	707.2188	2	353.6094	31.07089	7.322E-07
16	组内	227.6146	20	11.38073		
17	总计	934.8333	22			

图7-7　统计结果

公共回归系数的显著性检验中，$p = 8.496 \times 10^{-9} < 0.01$，表明 x 与 y 之间存在着极显著的线性关系。

协方差分析中，$p = 7.322 \times 10^{-7} < 0.01$，说明矫正后的 y 值平均数间差异极显著，须作多重比较。

（5）多重比较。

数据格式化如图7-8所示。

	A	B	C	D	E
18	(5)多重比较				
19		差值	标准误差	*t* 值	*p* 值
20	A1-A2				
21	A1-A3				
22	A1-A4				
23	A1-A5				
24	A2-A3				
25	A2-A4				
26	A2-A5				
27	A3-A4				
28	A3-A5				
29	A4-A5				

图7-8　数据格式化

在 B20 单元格输入"= IF(AND($I$14>0, I15>0), $I$14-I15," * ")"，回车；拖动 B20 单元格填充柄至 B23 单元格。

在 B24 单元格输入"= IF(AND($I$15>0, I16>0), $I$15-I16," * ")"，回车；拖动 B24 单元格填充柄至 B26 单元格。

在 B27 单元格输入"= IF(AND($I$16>0, I17>0), $I$16-I17," * ")"，回车；拖动 B27 单元格填充柄至 B28 单元格。

在 B29 单元格输入"= IF(AND($I$17>0, I18>0), $I$17-I18," * ")"，

回车。

在 C20 单元格输入 " =SQRT($D$16*(2/$I$9+($K$14−K15)^2/$N$2))"，回车；拖动 C20 单元格填充柄至 C23 单元格。

在 C24 单元格输入 " =SQRT($D$16*(2/$I$9+($K$15−K16)^2/$N$2))"，回车；拖动 C24 单元格填充柄至 C26 单元格。

在 C27 单元格输入 " =SQRT($D$16*(2/$I$9+($K$16−K17)^2/$N$2))"，回车；拖动 C27 单元格填充柄至 C28 单元格。

在 C29 单元格输入 " =SQRT($D$16*(2/$I$9+($K$17−K18)^2/$N$2))"，回车。

在 D20 单元格输入 " =B20/C20"，回车；拖动 D20 单元格填充柄至 D29 单元格。

在 E20 单元格输入 " =T.DIST.2T(abs(D20),$C$16)"，回车；拖动 E20 单元格填充柄至 E29 单元格。

结果如图 7-9 所示。

	A	B	C	D	E
18	(5)多重比较				
19		差值	标准误差	*t* 值	*p* 值
20	A1-A2	-4.5424	2.09488	-2.16831	0.042371
21	A1-A3	12.7932	3.40899	3.752796	0.001253
22	A1-A4	*	3.88882	#VALUE!	#VALUE!
23	A1-A5	*	3.88882	#VALUE!	#VALUE!
24	A2-A3	17.3356	2.40915	7.195726	5.75E-07
25	A2-A4	*	5.03709	#VALUE!	#VALUE!
26	A2-A5	*	5.03709	#VALUE!	#VALUE!
27	A3-A4	*	6.68277	#VALUE!	#VALUE!
28	A3-A5	*	6.68277	#VALUE!	#VALUE!
29	A4-A5	*	1.68677	#VALUE!	#VALUE!

图 7-9 统计结果

结果表明，A1 与 A2 之间差异显著，A1 与 A3 之间差异极显著，A2 与 A3 之间差异极显著，这说明饲料的增重效应为 A2>A1>A3。

本程序适用于 5 组以内数据，能满足绝大多数科研工作，直接在 sheet2 和 sheet3 中录入 *x*、*y* 数据后，即可得到统计结果。如果多于 5 组，可在图 7-3 中 M 列前插入适当的列数。在 sheet2 和 sheet3 中录入 *x*、*y* 数据后，根据情况将 sheet1 中的 I2~I8 行向右填充至相应的列，I14 和 K14 向下填充至相应的行，更改 C2、I11、K10、K11 函数范围，查附表 8 填入 E2，即可完成 (1)~(4) 的分析；多重比较可按本题的思路重新编写。

8 常用试验设计及统计分析

本章数字资源

8.1 随机区组设计及统计分析

在试验设计时，根据试验对象、试验条件、操作者、仪器设备、试剂批号、试验方法等试验情况划分若干个组，每个组称为区组。在每个区组内划分若干个小区，一个小区随机安排一个或若干个处理。区组内试验情况相同或相近，区组间存在一定差异，但可用统计学方法将区间差异从误差中分离出来，有效地减少试验误差，提高试验精确性。即使区组间差异显著，也无需多重比较。

8.1.1 单因素随机区组设计及统计分析

单因素随机区组设计是将区组作为一个因素，处理作为另一个因素。

假设有 k 个处理、有 n 个区组，其统计分析方法与双因素方差分析–无重复值（5.1.2 节）相同。多重比较采用 SSR 或 q 法时，标准误为：

$$s_{\bar{x}} = \sqrt{MS_e/n}$$

假设有 k 个处理、有 r 个区组，每个处理在每个区组有 n 次重复，其统计分析方法与双因素方差分析–有重复值（5.1.3 节）相同。但 $K_i R_j (i=1, 2, \cdots, k; j=1, 2, \cdots, r)$ 各组须满足无异常值（1.2 节）、符合正态分布（1.3 节）和方差齐性（5.1.1 节）。多重比较采用 SSR 或 q 法时，标准误为：

$$s_{\bar{x}} = \sqrt{MS_e/rn}$$

【例 8-1】 为了比较 5 种不同中草药饲料添加剂对猪增重（g）的效果，从 4 头母猪所产的仔猪中，每窝选出性别相同、体重相近的仔猪组成 4 个区组，每个区组有 5 头。每个区组内的每头仔猪随机地喂给不同的中草药饲料添加剂，所得结果如图 8-1 所示。请比较 5 种添加剂的增重效应是否相同。

在 Microsoft Excel 13.0 界面，单击"数据"选项卡，点击"数据分析"，弹出"数据分析"对话框，选择"方差分析：无重复双因素分析"，点击"确定"按钮，弹出"方差分析：无重复双因素分析"对话框，输入相关信息，如图 8-1 所示。"数据分析"加载方法见 1.4 节【例 1-6】（2）。

点击"确定"按钮，分析结果如图 8-2 所示。

⊿	A	B	C	D	E
1	饲料添加剂			区组	
2		r_1	r_2	r_3	r_4
3	A_1	205	168	222	230
4	A_2	230	198	242	255
5	A_3	252	248	305	260
6	A_4	200	158	183	196
7	A_5	265	275	315	282

方差分析：无重复双因素分析

输入

输入区域(I): $A$2:$E$7

☑ 标志(L)

α(A): 0.05

输出选项

◉ 输出区域(O): $A$9

○ 新工作表组(P):

○ 新工作簿(W)

确定　取消　帮助(H)

图 8-1　试验数据及"方差分析：无重复双因素分析"对话框

⊿	A	B	C	D	E	F	G
9	方差分析：无重复双因素分析						
10							
11	SUMMARY	观测数	求和	平均	方差		
12	A1	4	825	206.25	758.9167		
13	A2	4	925	231.25	595.5833		
14	A3	4	1065	266.25	692.25		
15	A4	4	737	184.25	358.9167		
16	A5	4	1137	284.25	468.9167		
17							
18	r1	5	1152	230.4	808.3		
19	r2	5	1047	209.4	2569.8		
20	r3	5	1267	253.4	3132.3		
21	r4	5	1223	244.6	1079.8		
22							
23							
24	方差分析						
25	差异源	SS	df	MS	F	P-value	F crit
26	行	27267.2	4	6816.8	26.4422	7.15E-06	3.259167
27	列	5530.15	3	1843.383	7.15044	0.005198	3.490295
28	误差	3093.6	12	257.8			
29							
30	总计	35890.95	19				

图 8-2　分析结果

图 8-2 中，行代表添加剂处理，$p = 7.15 \times 10^{-6} < 0.01$，差异极显著；列代表区组，$p = 0.005198 < 0.01$，差异极显著。按【例 5-1】思路和方法进行多重比较，过程及结果（略）。

8.1.2　双因素随机区组设计及统计分析

双因素随机区组设计试验包含两个因素 A、B，假定 A 因素有 a 个水平，B

因素有 b 个水平，区组数为 n。其统计分析方法可视为三因素方差分析，但 Excel 不提供三因素及以上的方差分析程序，因此需要应用相关函数编写。

双因素随机区组试验结果资料形式见表 8-1。

表 8-1 双因素随机区组试验结果资料形式

因素 A	因素 B	区组 r				总和	平均
		r_1	r_2	$\cdots$	r_n		
A_1	B_1	x_{111}	x_{112}	$\cdots$	x_{11n}	$T_{A_1B_1}$	$\bar{x}_{A_1B_1}$
	B_2	x_{121}	x_{122}	$\cdots$	x_{12n}	$T_{A_1B_2}$	$\bar{x}_{A_1B_2}$
	$\vdots$	$\vdots$	$\vdots$	$\cdots$	$\vdots$	$\vdots$	$\vdots$
	B_b	x_{1b1}	x_{1b2}	$\cdots$	x_{1bn}	$T_{A_1B_b}$	$\bar{x}_{A_1B_b}$
A_2	B_1	x_{211}	x_{212}	$\cdots$	x_{21n}	$T_{A_2B_1}$	$\bar{x}_{A_2B_1}$
	B_2	x_{221}	x_{222}	$\cdots$	x_{22n}	$T_{A_2B_2}$	$\bar{x}_{A_2B_2}$
	$\vdots$	$\vdots$	$\vdots$	$\cdots$	$\vdots$	$\vdots$	$\vdots$
	B_b	x_{2b1}	x_{2b2}	$\cdots$	x_{2bn}	$T_{A_2B_b}$	$\bar{x}_{A_2B_b}$
$\vdots$	$\vdots$	$\vdots$	$\vdots$	$\cdots$	$\vdots$	$\vdots$	$\vdots$
A_a	B_1	x_{a11}	x_{a12}	$\cdots$	x_{a1n}	$T_{A_aB_1}$	$\bar{x}_{A_aB_1}$
	B_2	x_{a21}	x_{a22}	$\cdots$	x_{a2n}	$T_{A_aB_2}$	$\bar{x}_{A_aB_2}$
	$\vdots$	$\vdots$	$\vdots$	$\cdots$	$\vdots$	$\vdots$	$\vdots$
	B_b	x_{ab1}	x_{ab2}	$\cdots$	x_{abn}	$T_{A_aB_b}$	$\bar{x}_{A_aB_b}$
总 和		T_{r_1}	T_{r_2}	$\cdots$	T_{r_n}	T	

注：$i=1$，2，$\cdots$，n；$j=1$，2，$\cdots$，a；$k=1$，2，$\cdots$，b。

然后再按因素 A 和因素 B 整理成两向表，见表 8-2。

表 8-2 因素 A 和因素 B 两向表

因素 A	因素 B				总和	平均
	B_1	B_2	$\cdots$	B_b		
A_1	$T_{A_1B_1}$	$T_{A_1B_2}$	$\cdots$	$T_{A_1B_b}$	T_{A_1}	$\bar{x}_{A_1}=T_{A_1}/bn$
A_2	$T_{A_2B_1}$	$T_{A_2B_2}$	$\cdots$	$T_{A_2B_b}$	T_{A_2}	$\bar{x}_{A_2}=T_{A_2}/bn$
$\vdots$	$\vdots$	$\vdots$	$\cdots$	$\vdots$	$\vdots$	$\vdots$
A_a	$T_{A_aB_1}$	$T_{A_aB_2}$	$\cdots$	$T_{A_aB_b}$	T_{A_a}	$\bar{x}_{A_a}=T_{A_a}/bn$
总和	T_{B_1}	T_{B_2}	$\cdots$	T_{B_b}	T	
平均	$\bar{x}_{B_1}=T_{B_1}/an$	$\bar{x}_{B_2}=T_{B_2}/an$	$\cdots$	$\bar{x}_{B_b}=T_{B_b}/an$		

双因素随机区组试验平方和、自由度和均方（方差）计算见表 8-3。

表 8-3　平方和、自由度和均方计算

变异来源	SS	df	MS
区组	$SS_r = \dfrac{\sum T_{r_i}^2}{ab} - \dfrac{T^2}{abn}$	$df_r = n - 1$	$MS_r = \dfrac{SS_r}{df_r}$
因素 A	$SS_A = \dfrac{\sum T_{A_j}^2}{bn} - \dfrac{T^2}{abn}$	$df_A = a - 1$	$MS_A = \dfrac{SS_A}{df_A}$
因素 B	$SS_B = \dfrac{\sum T_{B_k}^2}{an} - \dfrac{T^2}{abn}$	$df_B = b - 1$	$MS_B = \dfrac{SS_B}{df_B}$
$A \times B$	$SS_{AB} = \dfrac{\sum T_{A_j B_k}^2}{n} - \dfrac{T^2}{abn} - SS_A - SS_B$	$df_{AB} = (a-1)(b-1)$	$MS_{AB} = \dfrac{SS_{AB}}{df_{AB}}$
误差	$SS_e = SS_T - SS_r - SS_A - SS_B - SS_{AB}$	$df_e = (ab-1)(n-1)$	$MS_e = \dfrac{SS_e}{df_e}$
总计	$SS_T = \sum x^2 - \dfrac{T^2}{abn}$	$df_T = abn - 1$	

不同模型的方差分析见表 8-4。

表 8-4　不同模型的方差分析

变异来源	固定模型	随机模型	混合模型 A 固定 B 随机	混合模型 A 随机 B 固定
区组	$F_r = \dfrac{MS_r}{MS_e}$	$F_r = \dfrac{MS_r}{MS_e}$	$F_r = \dfrac{MS_r}{MS_e}$	$F_r = \dfrac{MS_r}{MS_e}$
因素 A	$F_A = \dfrac{MS_A}{MS_e}$	$F_A = \dfrac{MS_A}{MS_{AB}}$	$F_A = \dfrac{MS_A}{MS_{AB}}$	$F_A = \dfrac{MS_A}{MS_e}$
因素 B	$F_B = \dfrac{MS_B}{MS_e}$	$F_B = \dfrac{MS_B}{MS_{AB}}$	$F_B = \dfrac{MS_B}{MS_e}$	$F_B = \dfrac{MS_B}{MS_{AB}}$
$A \times B$	$F_{AB} = \dfrac{MS_{AB}}{MS_e}$	$F_{AB} = \dfrac{MS_{AB}}{MS_e}$	$F_{AB} = \dfrac{MS_{AB}}{MS_e}$	$F_{AB} = \dfrac{MS_{AB}}{MS_e}$

多重比较见 5.1.3 节。

【例 8-2】　为了研究湿度和温度对黏虫发育历期的影响，用 3 种相对湿度即 100%（A_1）、70%（A_2）、40%（A_3），4 种温度即 26℃（B_1）、28℃（B_2）、30℃（B_3）、32℃（B_4）处理黏虫卵，4 个区组。所得结果如图 8-3 所示，请分析湿度、温度及它们之间的交互效应对黏虫发育历期的影响是否相同。

（1）录入数据，并计算交互效应的总和平均数，数据格式化如图8-3所示。

	H	I	J	K	L	M	N	O	P
1	*A*因素	*B*因素	总和	平均	r1	r2	r3	r4	r5
2	A1	B1			93.2	91.2	90.7	92.2	
3	A1	B2			87.6	85.7	84.2	82.4	
4	A1	B3			79.2	74.5	79.3	70.4	
5	A1	B4			67.7	69.3	67.6	68.1	
6	A2	B1			89.4	88.7	86.3	88.5	
7	A2	B2			86.4	85.3	86.7	84.2	
8	A2	B3			77.2	76.3	74.5	75.7	
9	A2	B4			70.1	72.1	70.3	69.5	
10	A3	B1			99.9	99.2	93.3	94.5	
11	A3	B2			91.3	94.6	92.3	91.1	
12	A3	B3			82.7	81.3	84.5	86.8	
13	A3	B4			75.3	74.1	72.3	71.4	

图8-3　数据格式化

在 J2 单元格输入"=SUM(L2:P2)"，回车；拖动 J2 单元格填充柄至 J13 单元格。

在 K2 单元格输入"=AVERAGE(L2:P2)"，回车；拖动 K2 单元格填充柄至 K13 单元格。

结果如图8-4所示。

	H	I	J	K	L	M	N	O	P
1	*A*因素	*B*因素	总和	平均	r1	r2	r3	r4	r5
2	A1	B1	367.3	91.8250	93.2	91.2	90.7	92.2	
3	A1	B2	339.9	84.9750	87.6	85.7	84.2	82.4	
4	A1	B3	303.4	75.8500	79.2	74.5	79.3	70.4	
5	A1	B4	272.7	68.1750	67.7	69.3	67.6	68.1	
6	A2	B1	352.9	88.2250	89.4	88.7	86.3	88.5	
7	A2	B2	342.6	85.6500	86.4	85.3	86.7	84.2	
8	A2	B3	303.7	75.9250	77.2	76.3	74.5	75.7	
9	A2	B4	282	70.5000	70.1	72.1	70.3	69.5	
10	A3	B1	386.9	96.7250	99.9	99.2	93.3	94.5	
11	A3	B2	369.3	92.325	91.3	94.6	92.3	91.1	
12	A3	B3	335.3	83.825	82.7	81.3	84.5	86.8	
13	A3	B4	293.1	73.275	75.3	74.1	72.3	71.4	

图8-4　统计结果

（2）计算 *A* 因素、*B* 因素和区组的平均数，数据格式化如图8-5所示。

在 B2 单元格输入"=AVERAGEIF(H:H,A2,K:K)"，回车；拖动 B2 单元格填充柄至 B4 单元格。

在 D2 单元格输入"=AVERAGEIF(I:I,C2,K:K)"，回车；拖动 D2 单元格填充柄至 D5 单元格。

	A	B	C	D	E	F
1	*A*因素	平均	*B*因素	平均	区组r	平均
2	A1		B1		r1	
3	A2		B2		r2	
4	A3		B3		r3	
5	A4		B4		r4	
6	A5		B5		r5	
7	A6		B6		r6	
8	A7		B7		r7	
9	A8		B8		r8	
10	A9		B9		r9	
11	A10		B10		r10	
12						
13	*a*		固定模型			1
14	*b*		随机模型			2
15	*n*		混合模型(A固定B随机)			3
16			混合模型(A随机B固定)			4

图 8-5　数据格式化

在 F2 单元格输入"=AVERAGE(L:L)", 回车。

在 F3 单元格输入"=AVERAGE(M:M)", 回车。

在 F4 单元格输入"=AVERAGE(N:N)", 回车。

在 F5 单元格输入"=AVERAGE(O:O)", 回车。

在 B13 单元格输入"=COUNT(B2:B11)", 回车。

在 B14 单元格输入"=COUNT(D2:D11)", 回车。

在 B15 单元格输入"=COUNT(F2:F11)", 回车。

结果如图 8-6 所示。

	A	B	C	D	E	F
1	*A*因素	平均	*B*因素	平均	区组r	平均
2	A1	80.21	B1	92.258	r1	83.3333
3	A2	80.08	B2	87.65	r2	82.6917
4	A3	86.54	B3	78.533	r3	81.8333
5	A4		B4	70.65	r4	81.2333
6	A5		B5		r5	
7	A6		B6		r6	
8	A7		B7		r7	
9	A8		B8		r8	
10	A9		B9		r9	
11	A10		B10		r10	
12						
13	*a*	3	固定模型			1
14	*b*	4	随机模型			2
15	*n*	4	混合模型(A固定B随机)			3
16			混合模型(A随机B固定)			4

图 8-6　统计结果

（3）方差分析，数据格式化如图 8-7 所示。

	A	B	C	D	E	F
18	模型类型	1				
19	变异来源	*SS*	*df*	*MS*	*F*	*p*
20	区　组					
21	因素 *A*					
22	因素 *B*					
23	*A × B*					
24	误　差					
25	总　计					

图 8-7　数据格式化

在 C18 单元格输入 "=IF(B18=1,C13,IF(B18=2,C14,IF(B18=3,C15,IF(B18=4,C16,""))))"，回车。

在 B20 单元格输入 "=DEVSQ(F2:F11)*B13*B14"，回车。

在 B21 单元格输入 "=DEVSQ(B2:B11)*B14*B15"，回车。

在 B22 单元格输入 "=DEVSQ(D2:D11)*B13*B15"，回车。

在 B23 单元格输入 "=DEVSQ(J:J)/B15-B21-B22"，回车。

在 B24 单元格输入 "=B25-SUM(B20:B23)"，回车。

在 B25 单元格输入 "=DEVSQ(L:P)"，回车。

在 C20 单元格输入 "=B15-1"，回车。

在 C21 单元格输入 "=B13-1"，回车。

在 C22 单元格输入 "=B14-1"，回车。

在 C23 单元格输入 "=C21*C22"，回车。

在 C24 单元格输入 "=C25-SUM(C20:C23)"，回车。

在 C25 单元格输入 "=B13*B14*B15-1"，回车。

在 D20 单元格输入 "=B20/C20"，回车；拖动 D20 单元格填充柄至 D24 单元格。

在 E20 单元格输入 "=D20/D24"，回车。

在 F20 单元格输入 "=F.DIST.RT(E20,C20,C24)"，回车。

在 E21 单元格输入 "=IF(OR(B18=1,B18=4),D21/D24,D21/D23)"，回车。

在 F21 单元格输入 "=IF(OR(B18=1,B18=4),F.DIST.RT(E21,C21,C24),F.DIST.RT(E21,C21,C23))"，回车。

在 E22 单元格输入 "=IF(OR(B18=1,B18=3),D22/D24,D22/D23)"，回车。

在 F22 单元格输入 "=IF(OR(B18=1,B18=3),F.DIST.RT(E22,C22,C24),F.DIST.RT(E22,C22,C23))"，回车。

在 E23 单元格输入 "=D23/D24"，回车。

在 F23 单元格输入 "=F. DIST. RT(E23,C23,C24)", 回车。

在 B18 输入不同模型的代码, 结果如图 8-8~图 8-11 所示。

	A	B	C	D	E	F
18	模型类型	1	固定模型			
19	变异来源	SS	df	MS	F	p
20	区 组	30.89	3	10.295	2.6621	0.0641377
21	因素A	436.6	2	218.31	56.4495	2.232E-11
22	因素B	3332	3	1110.8	287.2248	1.038E-23
23	$A \times B$	61.23	6	10.205	2.6388	0.0334751
24	误 差	127.6	33	3.8673		
25	总 计	3989	47			

图 8-8 统计结果一

	A	B	C	D	E	F
18	模型类型	2	随机模型			
19	变异来源	SS	df	MS	F	p
20	区 组	30.89	3	10.295	2.6621	0.0641377
21	因素A	436.6	2	218.31	21.3922	0.0018604
22	因素B	3332	3	1110.8	108.8472	1.276E-05
23	$A \times B$	61.23	6	10.205	2.6388	0.0334751
24	误 差	127.6	33	3.8673		
25	总 计	3989	47			

图 8-9 统计结果二

	A	B	C	D	E	F
18	模型类型	3	混合模型(A固定B随机)			
19	变异来源	SS	df	MS	F	p
20	区 组	30.89	3	10.295	2.6621	0.0641377
21	因素A	436.6	2	218.31	21.3922	0.0018604
22	因素B	3332	3	1110.8	287.2248	1.038E-23
23	$A \times B$	61.23	6	10.205	2.6388	0.0334751
24	误 差	127.6	33	3.8673		
25	总 计	3989	47			

图 8-10 统计结果三

	A	B	C	D	E	F
18	模型类型	4	混合模型(A随机B固定)			
19	变异来源	SS	df	MS	F	p
20	区 组	30.89	3	10.295	2.6621	0.0641377
21	因素A	436.6	2	218.31	56.4495	2.232E-11
22	因素B	3332	3	1110.8	108.8472	1.276E-05
23	$A \times B$	61.23	6	10.205	2.6388	0.0334751
24	误 差	127.6	33	3.8673		
25	总 计	3989	47			

图 8-11 统计结果四

在 4 个模型中，区组差异不显著，A 和 B 因素差异极显著，$A \times B$ 差异显著。但 A 和 B 因素的概率值是不同的。读者可根据实际情况选择模型类型。按【例 5-1】思路和方法进行多重比较（略）。

本程序预设 5 个区组，如果多于 5 个区组，可将数据直接排在 P 列之后（并在第一行输入 r6、r7、r8 等），然后更改 B25 单元格的数据范围。根据实际的 A 和 B 因素的水平数，分别拖动 B2 和 D2 填充至相应的位置即可；根据实际的区组计算每个区组的平均数。计算 A 和 B 因素各水平数平均数，各区组平均数时，避免出现 "#DIV/0!" 的情况，如果遇到这种情况，应删除含有 "#DIV/0!" 的单元格。

8.2　裂区设计及统计分析

先将第一个因素数划分小区，称为主区，在主区内随机安排主处理。在主区内将第二个因素数划分更小的小区，称为副区，在副区内随机安排副处理。对第二个因素来说，主区就是一个区组；对所有处理组合来说，主区又是一个不完全区组。由于这种设计将主区分裂为副区，故称为裂区设计。

主处理设在主区，副处理设在副区以实现局部控制，使副区的试验误差小于主区。

在裂区设计中，因素 A 为主处理有 a 个水平，因素 B 为副处理有 b 个水平，区组数为 n。裂区设计试验结果资料形式见表 8-5。

表 8-5　裂区设计试验结果资料形式

因素 A	因素 B	区组 r				总和	平均
		r_1	r_2	⋯	r_n		
A_1	B_1	x_{111}	x_{112}	⋯	x_{11n}	$T_{A_1 B_1}$	$\bar{x}_{A_1 B_1}$
	B_2	x_{121}	x_{122}	⋯	x_{12n}	$T_{A_1 B_2}$	$\bar{x}_{A_1 B_2}$
	⋮	⋮	⋮	⋯	⋮	⋮	⋮
	B_b	x_{1b1}	x_{1b2}	⋯	x_{1bn}	$T_{A_1 B_b}$	$\bar{x}_{A_1 B_b}$
	$T_{m_{1i}}$	$T_{m_{11}}$	$T_{m_{12}}$	⋯	$T_{m_{1n}}$		
A_2	B_1	x_{211}	x_{212}	⋯	x_{21n}	$T_{A_2 B_1}$	$\bar{x}_{A_2 B_1}$
	B_2	x_{221}	x_{222}	⋯	x_{22n}	$T_{A_2 B_2}$	$\bar{x}_{A_2 B_2}$
	⋮	⋮	⋮	⋯	⋮	⋮	⋮
	B_b	x_{2b1}	x_{2b2}	⋯	x_{2bn}	$T_{A_2 B_b}$	$\bar{x}_{A_2 B_b}$
	$T_{m_{2i}}$	$T_{m_{21}}$	$T_{m_{22}}$	⋯	$T_{m_{2n}}$		
⋮	⋮	⋮	⋮	⋯	⋮	⋮	⋮

因素 A	因素 B	区组 r				总和	平均
		r_1	r_2	$\cdots$	r_n		
A_a	B_1	x_{a11}	x_{a12}	$\cdots$	x_{a1n}	$T_{A_aB_1}$	$\bar{x}_{A_aB_1}$
	B_2	x_{a21}	x_{a22}	$\cdots$	x_{a2n}	$T_{A_aB_2}$	$\bar{x}_{A_aB_2}$
	$\vdots$	$\vdots$	$\vdots$	$\vdots$	$\vdots$	$\vdots$	$\vdots$
	B_b	x_{ab1}	x_{ab2}	$\cdots$	x_{abn}	$T_{A_aB_b}$	$\bar{x}_{A_aB_b}$
	$T_{m_{ji}}$	$T_{m_{a1}}$	$T_{m_{a2}}$	$\cdots$	$T_{m_{an}}$		
总　和		T_{r_1}	T_{r_2}	$\cdots$	T_{r_n}	T	

注：$i=1,\ 2,\ \cdots,\ n$；$j=1,\ 2,\ \cdots,\ a$；$k=1,\ 2,\ \cdots,\ b$。

然后再按因素 A 和因素 B 整理成两向表，见表 8-6。

表 8-6　因素 A 和因素 B 两向表

因素 A	因素 B				总和	平均
	B_1	B_2	$\cdots$	B_b		
A_1	$T_{A_1B_1}$	$T_{A_1B_2}$	$\cdots$	$T_{A_1B_b}$	T_{A_1}	$\bar{x}_{A_1}=T_{A_1}/bn$
A_2	$T_{A_2B_1}$	$T_{A_2B_2}$	$\cdots$	$T_{A_2B_b}$	T_{A_2}	$\bar{x}_{A_2}=T_{A_2}/bn$
$\vdots$	$\vdots$	$\vdots$	$\cdots$	$\vdots$	$\vdots$	$\vdots$
A_a	$T_{A_aB_1}$	$T_{A_aB_2}$	$\cdots$	$T_{A_aB_b}$	T_{A_a}	$\bar{x}_{A_a}=T_{A_a}/bn$
总和	T_{B_1}	T_{B_2}	$\cdots$	T_{B_b}		
平均	$\bar{x}_{B_1}=T_{B_1}/an$	$\bar{x}_{B_2}=T_{B_2}/an$	$\cdots$	$\bar{x}_{B_b}=T_{B_b}/an$		

裂区试验平方和、自由度和均方（方差）计算见表 8-7。

表 8-7　平方和、自由度和均方计算

变异来源		SS	df	MS
主区	区组	$SS_r = \dfrac{\sum T_{r_i}^2}{ab} - \dfrac{T^2}{abn}$	$df_r = n-1$	$MS_r = \dfrac{SS_r}{df_r}$
	因素 A	$SS_A = \dfrac{\sum T_{A_j}^2}{bn} - \dfrac{T^2}{abn}$	$df_A = a-1$	$MS_A = \dfrac{SS_A}{df_A}$
	误差 a	$SS_{e_a} = \dfrac{\sum T_{m_{ji}}^2}{b} - \dfrac{T^2}{abn} - SS_r - SS_A$	$df_{e_a} = (a-1)(n-1)$	$MS_{e_a} = \dfrac{SS_{e_a}}{df_{e_a}}$

变异来源		SS	df	MS
副区	因素 B	$SS_B = \dfrac{\sum T_{B_k}^2}{an} - \dfrac{T^2}{abn}$	$df_R = b - 1$	$MS_B = \dfrac{SS_B}{df_B}$
	$A \times B$	$SS_{AB} = \dfrac{\sum T_{A_j B_k}^2}{n} - \dfrac{T^2}{abn} - SS_A - SS_B$	$df_{AB} = (a-1)(b-1)$	$MS_{AB} = \dfrac{SS_{AB}}{df_{AB}}$
	误差 b	$SS_{e_b} = SS_T - SS_r - SS_A -$ $SS_B - SS_{AB} - SS_{e_a}$	$df_{e_b} = df_T - df_r - df_A -$ $df_B - df_{AB} - df_{e_a}$	$MS_{e_b} = \dfrac{SS_{e_b}}{df_{e_b}}$
总计		$SS_T = \sum x^2 - C$	$df_T = abn - 1$	

不同模型的方差分析见表 8-8。

表 8-8　不同模型的方差分析

变异来源		固定模型	随机模型	混合模型	
				A 固定 B 随机	A 随机 B 固定
主区	区组	$F_r = \dfrac{MS_r}{MS_{e_a}}$	$F_r = \dfrac{MS_r}{MS_{e_a}}$	$F_r = \dfrac{MS_r}{MS_{e_a}}$	$F_r = \dfrac{MS_r}{MS_{e_a}}$
	因素 A	$F_A = \dfrac{MS_A}{MS_{e_a}}$	$F_A = \dfrac{MS_A}{MS_{AB}}$	$F_A = \dfrac{MS_A}{MS_{AB}}$	$F_A = \dfrac{MS_A}{MS_{e_a}}$
副区	因素 B	$F_B = \dfrac{MS_B}{MS_{e_b}}$	$F_B = \dfrac{MS_B}{MS_{AB}}$	$F_B = \dfrac{MS_B}{MS_{e_b}}$	$F_B = \dfrac{MS_B}{MS_{AB}}$
	$A \times B$	$F_{AB} = \dfrac{MS_{AB}}{MS_{e_b}}$	$F_{AB} = \dfrac{MS_{AB}}{MS_{e_b}}$	$F_{AB} = \dfrac{MS_{AB}}{MS_{e_b}}$	$F_{AB} = \dfrac{MS_{AB}}{MS_{e_b}}$

多重比较时，SSR 法的平均数差数的标准误 $s_{\bar{x}}$ 为：

$$A\text{ 因素：} s_{\bar{x}} = \sqrt{\frac{MS_{e_a}}{bn}}; \quad B\text{ 因素：} s_{\bar{x}} = \sqrt{\frac{MS_{e_b}}{an}}; \quad A \times B: s_{\bar{x}} = \sqrt{\frac{MS_{e_b}}{n}}$$

【例 8-3】　用 3 种不同提取方法 A 从一种野生植物中提取有效成分，按 4 种不同浓度 B 加入培养基，观察该成分刺激细胞转化的作用。采用裂区设计，设置 3 个区组（每天进行一个区组）。所得结果（%）如图 8-12 所示，请分析提取方法、浓度及它们之间的交互效应对细胞转化的作用是否相同。

（1）录入数据，并计算交互效应的总和平均数，数据格式化如图 8-12 所示。

	N	O	P	Q	R	S	T	U	V
	A因素	B因素	总和	平均	r1	r2	r3	r4	r5
1	A因素	B因素	总和	平均	r1	r2	r3	r4	r5
2	A1	B1			43	41	44		
3	A1	B2			48	45	50		
4	A1	B3			50	53	54		
5	A1	B4			49	54	53		
6	A2	B1			47	44	48		
7	A2	B2			54	49	53		
8	A2	B3			51	55	52		
9	A2	B4			55	53	57		
10	A3	B1			42	44	45		
11	A3	B2			39	43	47		
12	A3	B3			46	45	52		
13	A3	B4			49	53	58		

图 8-12　数据格式化

在 P2 单元格输入 "=SUM(R2:V2)", 回车; 拖动 P2 单元格填充柄至 P13 单元格。

在 Q2 单元格输入 "=AVERAGE(R2:V2)", 回车; 拖动 Q2 单元格填充柄至 Q13 单元格。

结果如图 8-13 所示。

	N	O	P	Q	R	S	T	U	V
1	A因素	B因素	总和	平均	r1	r2	r3	r4	r5
2	A1	B1	128	42.6667	43	41	44		
3	A1	B2	143	47.6667	48	45	50		
4	A1	B3	157	52.3333	50	53	54		
5	A1	B4	156	52.0000	49	54	53		
6	A2	B1	139	46.3333	47	44	48		
7	A2	B2	156	52.0000	54	49	53		
8	A2	B3	158	52.6667	51	55	52		
9	A2	B4	165	55.0000	55	53	57		
10	A3	B1	131	43.6667	42	44	45		
11	A3	B2	129	43	39	43	47		
12	A3	B3	143	47.667	46	45	52		
13	A3	B4	160	53.333	49	53	58		

图 8-13　统计结果

(2) 计算 A 因素、B 因素和区组的平均数, A 与 r 之和, 数据格式化如图 8-14 所示。

在 C2 单元格输入 "=AVERAGEIF(N:N,B2,Q:Q)", 回车; 并拖动 C2 单元格填充柄至 C4 单元格。

在 E2 单元格输入 "=AVERAGEIF(O:O,D2,Q:Q)", 回车; 并拖动 E2 单元格填充柄至 E5 单元格。

在 G2 单元格输入 "=AVERAGE(R:R)", 回车。

在 G3 单元格输入 "=AVERAGE(S:S)", 回车。

	B	C	D	E	F	G	H	I	J	K	L	M
1	*A*因素	平均	*B*因素	平均	区组r	平均	*A*因素	r1	r2	r3	r4	r5
2	A1		B1		r1		A1					
3	A2		B2		r2		A2					
4	A3		B3		r3		A3					
5	A4		B4		r4		A4					
6	A5		B5		r5		A5					
7	A6		B6		r6		A6					
8	A7		B7		r7		A7					
9	A8		B8		r8		A8					
10	A9		B9		r9		A9					
11	A10		B10		r10		A10					
12												
13	*a*		固定模型			1						
14	*b*		随机模型			2						
15	*n*		混合模型(A固定B随机)			3						
16			混合模型(A随机B固定)			4						

图 8-14 数据格式化

在 G4 单元格输入 "=AVERAGE(T:T)"，回车。

在 C13 单元格输入 "=COUNT(C2:C11)"，回车。

在 C14 单元格输入 "=COUNT(E2:E11)"，回车。

在 C15 单元格输入 "=COUNT(G2:G11)"，回车。

在 I2 单元格输入 "=AVERAGEIF($N:$N,$H2,R:R) *$C$14"，回车；并拖动 I2 单元格填充柄至 K2 单元格。在 I2:K4 选中状态下，拖动填充柄至 I2:K4 单元格。

结果如图 8-15 所示。

	B	C	D	E	F	G	H	I	J	K
1	*A*因素	平均	*B*因素	平均	区组r	平均	*A*因素	r1	r2	r3
2	A1	48.6667	B1	44.222	r1	47.7500	A1	190.0	193.0	201.0
3	A2	51.5	B2	47.556	r2	48.2500	A2	207.0	201.0	210.0
4	A3	46.9167	B3	50.889	r3	51.0833	A3	176.0	185.0	202.0
5	A4		B4	53.444	r4		A4			
6	A5		B5		r5		A5			
7	A6		B6		r6		A6			
8	A7		B7		r7		A7			
9	A8		B8		r8		A8			
10	A9		B9		r9		A9			
11	A10		B10		r10		A10			
12										
13	*a*	3	固定模型			1				
14	*b*	4	随机模型			2				
15	*n*	3	混合模型(A固定B随机)			3				
16			混合模型(A随机B固定)			4				

图 8-15 统计结果

（3）方差分析，数据格式化如图 8-16 所示。

	A	B	C	D	E	F	G
18		模型类型	1				
19		变异来源	*SS*	*df*	*MS*	*F*	*p*
20		区 组					
21	主区	因素*A*					
22		误差*a*					
23		因素*B*					
24	副区	*A* × *B*					
25		误差*b*					
26		总 计					

图 8-16　数据格式化

在 D18 单元格输入" =IF(C18 = 1,D13,IF(C18 = 2,D14,IF(C18 = 3,D15,IF (C18 = 4,D16,"")))) "，回车。

在 C20 单元格输入" =DEVSQ(G2:G11) * C13 * C14"，回车。

在 C21 单元格输入" =DEVSQ(C2:C11) * C14 * C15"，回车。

在 C22 单元格输入" =DEVSQ(I2:K4)/C14-C20-C21"，回车。

在 C23 单元格输入" =DEVSQ(E2:E11) * C13 * C15"，回车。

在 C24 单元格输入" =DEVSQ(P:P)/C15-C21-C23"，回车。

在 C25 单元格输入" =C26-SUM(C20:C24)"，回车。

在 C26 单元格输入" =DEVSQ(R:V)"，回车。

在 D20 单元格输入" =C15-1"，回车。

在 D21 单元格输入" =C13-1"，回车。

在 D22 单元格输入" =D21 * (C15-1)"，回车。

在 D23 单元格输入" =C14-1"，回车。

在 D24 单元格输入" =D21 * D23"，回车。

在 D25 单元格输入" =D26-SUM(D20:D24)"，回车。

在 D26 单元格输入" =C13 * C14 * C15-1"，回车。

在 E20 单元格输入" =C20/D20"，回车；并拖动 E20 单元格填充柄至 D25 单元格。

在 F20 单元格输入" =E20/E22"，回车。

在 G20 单元格输入" =F. DIST. RT(F20,D20,D22)"，回车。

在 F21 单元格输入" = IF(OR(C18 = 1,C18 = 4),E21/E22,E21/E24)"，回车。

在 G21 单元格输入" = IF(OR(C18 = 1,C18 = 4),F. DIST. RT(F21,D21, D22),F. DIST. RT(F21,D21,D24))"，回车。

在 F23 单元格输入" = IF(OR(C18 = 1,C18 = 3),E23/E25,E23/E24)"，

回车。

在 G23 单元格输入 "= IF (OR (C18 = 1, C18 = 3), F. DIST. RT (F23, D23, D25), F. DIST. RT(F23, D23, D24))", 回车。

在 F24 单元格输入 "= E24/E25", 回车。

在 G24 单元格输入 "= F. DIST. RT(F24, D24, D25)", 回车。

在 C18 输入不同模型的代码, 结果如图 8-17~图 8-20 所示。

	A	B	C	D	E	F	G
18		模型类型	1		固定模型		
19		变异来源	SS	df	MS	F	p
20		区　组	77.5556	2	38.778	4.2757	0.101565
21	主区	因素A	128.389	2	64.194	7.0781	0.048537
22		误差a	36.2778	4	9.0694		
23		因素B	434.083	3	144.69	36.4266	7.45E-08
24	副区	A×B	75.1667	6	12.528	3.1538	0.027109
25		误差b	71.5	18	3.9722		
26		总　计	822.972	35			

图 8-17　统计结果一

	A	B	C	D	E	F	G
18		模型类型	2		随机模型		
19		变异来源	SS	df	MS	F	p
20		区　组	77.5556	2	38.778	4.2757	0.101565
21	主区	因素A	128.389	2	64.194	5.1242	0.050353
22		误差a	36.2778	4	9.0694		
23		因素B	434.083	3	144.69	11.5499	0.006633
24	副区	A×B	75.1667	6	12.528	3.1538	0.027109
25		误差b	71.5	18	3.9722		
26		总　计	822.972	35			

图 8-18　统计结果二

	A	B	C	D	E	F	G
18		模型类型	3		混合模型(A固定B随机)		
19		变异来源	SS	df	MS	F	p
20		区　组	77.5556	2	38.778	4.2757	0.101565
21	主区	因素A	128.389	2	64.194	5.1242	0.050353
22		误差a	36.2778	4	9.0694		
23		因素B	434.083	3	144.69	36.4266	7.45E-08
24	副区	A×B	75.1667	6	12.528	3.1538	0.027109
25		误差b	71.5	18	3.9722		
26		总　计	822.972	35			

图 8-19　统计结果三

	A	B	C	D	E	F	G
18		模型类型	4	混合模型(A随机B固定)			
19		变异来源	SS	df	MS	F	p
20	主区	区　组	77.5556	2	38.778	4.2757	0.101565
21		因素A	128.389	2	64.194	7.0781	0.048537
22		误差a	36.2778	4	9.0694		
23	副区	因素B	434.083	3	144.69	11.5499	0.006633
24		$A \times B$	75.1667	6	12.528	3.1538	0.027109
25		误差b	71.5	18	3.9722		
26		总　计	822.972	35			

图 8-20 统计结果四

在 4 个模型中，区组差异不显著，$A \times B$ 差异显著，B 因素差异极显著。但 A 因素在固定模型和混合模型（A 随机 B 固定）差异显著，在其他两个模型中却不显著。读者可根据实际情况选择模型类型。按【例5-1】思路和方法进行多重比较（略）。

本程序预设 5 个区组，如果多于 5 个区组，可将数据直接排在 P 列之后（并在第一行输入 r6、r7、r8 等），并在 M 列后插入适当的列。根据实际的 A 因素、B 因素的水平数和区组数，分别拖动 C2、E2、I2 拖动填充至相应的位置即可。以上数据计算避免出现"#DIV/0!"的情况（如出现，删除）。根据实际的区组更改 C22 单元格的数据范围。

8.3 拉丁方设计及统计分析

8.3.1 拉丁方设计

拉丁方设计是从行和列两个方向进行双重局部控制，与随机区组设计相比，试验误差更小、试验精确度更高。以 5×5 拉丁方为例，说明拉丁方设计的方法。

先选择标准方，附表 9 列出了 5×5、7×7、8×8、9×9 的正交拉丁方，每个拉丁方有若干个标准方，随机选用一个。本例选用 5×5 标准方中的"Ⅲ"。

用抽签或随机数字法产生 3 组 1~5 不重复的随机整数，如 15432、24531 和 31245，前 2 组数字分别用来调整标准方的列和行顺序，后 1 组数字调整列行随机排列后的拉丁方处理的编号，即 3 号处理=A、1 号处理=B、2 号处理=C、4 号处理=D、5 号处理=E，具体如图 8-21 所示。最后将行随机排列与处理随机排列合并整理成拉丁方设计，见表8-9。

选择标准方		列随机排列		行随机排列		处理随机
1 2 3 4 5		1 5 4 3 2		1 5 4 3 2		
1 A B C D E	1 A E D C B	2 D C B A E	4 2 1 3 5
2 D E A B C →	2 D C B A E →	4 E D C B A →	5 4 2 1 3
3 B C D E A	3 B A E D C	5 C B A E D	2 1 3 5 4
4 E A B C D	4 E D C B A	3 B A E D C	1 3 5 4 2
5 C D E A B	5 C B A E D	1 A E D C B	3 5 4 2 1

图 8-21 拉丁方设计的步骤

表 8-9 拉丁方设计

列	行				
	一	二	三	四	五
I	$D(4)$	$C(2)$	$B(1)$	$A(3)$	$E(5)$
II	$E(5)$	$D(4)$	$C(2)$	$B(1)$	$A(3)$
III	$C(2)$	$B(1)$	$A(3)$	$E(5)$	$D(4)$
IV	$B(1)$	$A(3)$	$E(5)$	$D(4)$	$C(2)$
V	$A(3)$	$E(5)$	$D(4)$	$C(2)$	$B(1)$

【例 8-4】 设计一个 5×5 拉丁方试验。

（1）数据格式化如图 8-22 所示，在 C3:G7 录入选定的标准方。

	A	B	C	D	E	F	G	H	I	J	K	L	M	N
1	标准方							列随机						
2			1	2	3	4	5							
3		1	A	B	C	D	E							
4		2	B	A	E	C	D							
5		3	C	D	B	E	A							
6		4	D	E	A	B	C							
7		5	E	C	D	B	A							
8	行随机							处理随机						
9														
10														
11														
12														
13														
14														
15														
16			拉丁方试验设计											
17		列	行											
18			一	二	三	四	五							
19		I												
20		II												
21		III												
22		IV												
23		V												

图 8-22 数据格式化

（2）列随机。

在 I3 单元格输入 "=B3"，回车；拖动 I3 单元格填充柄至 I7 单元格。

在 J1 单元格输入 "=RAND( )"，回车；拖动 J1 单元格填充柄至 N1 单元格。

在 J2 单元格输入 "=RANK. EQ(J1,$J$1:$N$1)"，回车；拖动 J2 单元格填充柄至 N2 单元格。

在 J3 单元格输入 "=OFFSET($C3,0,J$2−1)"，回车；拖动 J3 单元格填充柄至 N3 单元格。在 J3:N3 选中状态下，拖动填充柄至 J7:N7 单元格，完成列随机排列，如图 8-23 所示。

	H	I	J	K	L	M	N
1	列随机		0.97	0.53	0.23	0.07	0.93
2			1	3	4	5	2
3		1	A	C	D	E	B
4		2	B	E	C	D	A
5		3	C	A	E	B	D
6		4	D	B	A	C	E
7		5	E	D	B	A	C

图 8-23 列随机排列

（3）行随机。

在 C10 单元格输入"=J2"，回车；拖动 C10 单元格填充柄至 G10 单元格。

在 A11 单元格输入"=RAND( )"，回车；拖动 A11 单元格填充柄至 A15 单元格。

在 B11 单元格输入"=RANK. EQ(A11,$A$11:$A$15)"，回车；拖动 B11 单元格填充柄至 B15 单元格。

在 C11 单元格输入"=OFFSET(J$3,$B11-1,0)"，回车；拖动 C11 单元格填充柄至 G11 单元格。在 C11:G11 选中状态下，拖动填充柄至 C15:G15 单元格，完成行随机排列，如图 8-24 所示。

	A	B	C	D	E	F	G
8	行随机						
9							
10			1	3	4	5	2
11	0.85527	2	B	E	C	D	A
12	0.35331	5	E	D	B	A	C
13	0.46409	3	C	A	E	B	D
14	0.38731	4	D	B	A	C	E
15	0.95352	1	A	C	D	E	B

图 8-24 行随机排列

（4）处理随机。

在 J8 单元格输入"=RAND( )"，回车；拖动 J8 单元格填充柄至 N8 单元格。

在 J9 单元格输入"=RANK. EQ(J8,$J$8:$N$8)"，回车；拖动 J9 单元格填充柄至 N9 单元格。

在 J10 单元格输入"=C3"，回车；拖动 J10 单元格填充柄至 N10 单元格。

在 J11 单元格输入"=LOOKUP(C11,$J$10:$N$10,$J$9:$N$9)"，回车；拖动 J11 单元格填充柄至 N11 单元格。在 J11:N11 选中状态下，拖动填充柄至 J15:N15 单元格，完成处理随机排列，如图 8-25 所示。

	H	I	J	K	L	M	N
8	处理随机		0.3	0.26	0.5	0.31	0.95
9			4	5	2	3	1
10			A	B	C	D	E
11			2	3	5	4	1
12			1	5	4	2	3
13			5	2	3	1	4
14			3	4	1	5	2
15			4	1	2	3	5

图 8-25　处理随机

（5）拉丁方设计。

在 C19 单元格输入 "＝C11&"（"&J11&"）""，回车；并拖动 C19 单元格填充柄至 G19 单元格。在 C19：G19 选中状态下，拖动填充柄至 C23：G23 单元格，完成拉丁方设计，如图 8-26 所示。将这个 Excel 表格保存为拉丁方试验设计模板。

	A	B	C	D	E	F	G	H	I	J	K	L	M	N
1	标准方							列随机		0.67	0.84	0.64	0.64	0.88
2			1	2	3	4	5			3	2	5	4	1
3		1	A	B	C	D	E		1	C	B	E	D	A
4		2	B	A	E	C	D		2	E	A	D	C	B
5		3	C	D	A	E	B		3	B	E	C	A	D
6		4	D	E	B	A	C		4	B	D	C	A	D
7		5	E	C	D	B	A		5	D	C	A	B	E
8	行随机							处理随机		0	0.46	0.36	0.43	0.18
9										5	1	3	2	4
10			3	1	4	2	5			A	B	C	D	E
11	0.49305	3	A	D	B	E	C			5	1	4	3	2
12	0.78508	1	C	B	E	A	D			3	1	2	4	5
13	0.46043	4	B	E	C	A	D			1	4	3	5	2
14	0.49477	2	E	A	D	C	B			4	5	2	3	1
15	0.16886	5	D	C	A	B	E			2	3	5	1	4
16			拉丁方试验设计											
17		列	行											
18			一	二	三	四	五							
19		I	A(5)	D(2)	B(1)	E(4)	C(3)							
20		II	C(3)	B(1)	E(4)	D(2)	A(5)							
21		III	B(1)	E(4)	C(3)	A(5)	D(2)							
22		IV	E(4)	A(5)	D(2)	C(3)	B(1)							
23		V	D(2)	C(3)	A(5)	B(1)	E(4)							

图 8-26　拉丁方设计模板

（6）拉丁方试验设计模板使用方法。

打开拉丁方设计模板，多按几次 F9 键后，选中 B17：G23 区域进行复制。另新建一个 Excel 表格，选中 A1，选择"选择性粘贴"，在"粘贴"位置中，选择"数值（V）"，单击"确定"按钮。然后保存为拉丁方试验设计结果。

在编写行、列、处理排列以及选择性粘贴时，由于随机数字总是在变化，拉丁方排列也在变化。这是 Excel 自动重算的结果，并不影响拉丁方试验设计的准确性。如果不希望出现这种情况，可单击"文件"菜单，单击"选项"，再点击"公式"，再单击"计算选项"，在"工作簿计算"一栏中选择"手动计算（M）"，按"确定"退出即可。

8.3.2 拉丁方设计统计分析

对 $k \times k$ 拉丁方设计试验结果进行方差分析，见表 8-10。

表 8-10 $k \times k$ 拉丁方设计试验结果方差分析

变异来源	SS	df	MS	F
列间	$SS_c = \dfrac{\sum T_{c_i}^2}{k} - \dfrac{T^2}{k \times k}$	$df_c = k - 1$	$MS_c = \dfrac{SS_c}{df_c}$	$F_c = \dfrac{MS_c}{MS_e}$
行间	$SS_r = \dfrac{\sum T_{r_i}^2}{k} - \dfrac{T^2}{k \times k}$	$df_r = k - 1$	$MS_r = \dfrac{SS_r}{df_r}$	$F_r = \dfrac{MS_r}{MS_e}$
处理间	$SS_t = \dfrac{T_A^2 + T_B^2 + T_C^2 + \cdots}{k} - \dfrac{T^2}{k \times k}$	$df_t = k - 1$	$MS_t = \dfrac{SS_t}{df_t}$	$F_t = \dfrac{MS_t}{MS_e}$
误差	$SS_e = SS_T - SS_c - SS_r - SS_t$	$df_e = df_T - df_c - df_r - df_t$	$MS_e = \dfrac{SS_e}{df_e}$	
总计	$SS_T = \sum x^2 - \dfrac{T^2}{k \times k}$	$df_T = k \times k - 1$		

注：c 表示列区组，r 表示行区组，t 表示处理；$i = 1, 2, \cdots, k$。

多重比较见 5.1.1 节。

【例 8-5】用 5×5 拉丁方设计安排 A、B、C、D、E 5 个大豆品种产量（kg）比较试验。拉丁方设计及试验结果如图 8-27 所示，请比较 5 个大豆品种产量是否相同。

（1）将 5×5 拉丁方试验设计及结果录入 Excel 中，并进行统计分析的数据格式化，如图 8-27 所示。

在 B13 单元格输入"=SUM(B3:B12)"，回车；拖动 B13 单元格填充柄至 F13 单元格。

在 G4 单元格输入"=SUM(B4:F4)"，回车；拖动 G4 单元格填充柄至 G12 单元格，然后删除显示为 0 的 G5、G7、G9、G11 的单元格。

在 B16 单元格输入"=HLOOKUP(A16,$B$3:$F$4,2,FALSE)"，回车；拖动 B16 单元格填充柄至 B20 单元格。

	A	B	C	D	E	F	G
1	列			行			总和
2		一	二	三	四	五	
3	I	*D*	*C*	*B*	*A*	*E*	
4		49	45	44	53	40	
5	II	*E*	*D*	*C*	*B*	*A*	
6		42	44	51	52	50	
7	III	*C*	*B*	*A*	*E*	*D*	
8		50	47	54	43	46	
9	IV	*B*	*A*	*E*	*D*	*C*	
10		44	54	49	45	40	
11	V	*A*	*E*	*D*	*C*	*B*	
12		60	43	44	43	45	
13	总和						
14							
15	处理			重复			总和
16	A						
17	B						
18	C						
19	D						
20	E						

图 8-27　数据格式化

在 C16 单元格输入 "=HLOOKUP（A16,$B$5:$F$6,2,FALSE）"，回车；拖动 C16 单元格填充柄至 C20 单元格。

在 D16 单元格输入 "=HLOOKUP（A16,$B$7:$F$8,2,FALSE）"，回车；拖动 D16 单元格填充柄至 D20 单元格。

在 E16 单元格输入 "=HLOOKUP（A16,$B$9:$F$10,2,FALSE）"，回车；拖动 E16 单元格填充柄至 E20 单元格。

在 F16 单元格输入 "=HLOOKUP（A16,$B$11:$F$12,2,FALSE）"，回车；拖动 F16 单元格填充柄至 F20 单元格。

在 G16 单元格输入 "=SUM（B16:F16）"，回车；拖动 G16 单元格填充柄至 G20 单元格。

结果如图 8-28 所示。

（2）方差分析，数据格式化如图 8-29 所示。

在 B24 单元格输入 "=DEVSQ（B13:F13）/B22"，回车。

在 B25 单元格输入 "=DEVSQ（G4:G12）/B22"，回车。

在 B26 单元格输入 "=DEVSQ（G16:G20）/B22"，回车。

在 B27 单元格输入 "=B28-SUM（B24:B26）"，回车。

在 B28 单元格输入 "=DEVSQ（B16:F20）"，回车。

在 C24-C26 单元格输入 "=B22-1"，回车。

在 C27 单元格输入 "=C28-SUM（C24:C26）"，回车。

在 C28 单元格输入 "=B22^2-1"，回车。

	A	B	C	D	E	F	G
1	列			行			总和
2		一	二	三	四	五	
3	I	D	C	B	A	E	
4		49	45	44	53	40	231
5	II	E	D	C	B	A	
6		42	44	51	52	50	239
7	III	C	B	A	E	D	
8		50	47	54	43	46	240
9	IV	B	A	E	D	C	
10		44	54	49	45	40	232
11	V	A	E	D	C	B	
12		60	43	44	43	45	235
13	总和	245	233	242	236	221	
14							
15	处理			重复			总和
16	A	53	50	54	54	60	271
17	B	44	52	47	44	45	232
18	C	45	51	50	40	43	229
19	D	49	44	46	45	44	228
20	E	40	42	43	49	43	217

图 8-28 统计结果

	A	B	C	D	E	F
22	k	5				
23	变异来源	SS	df	MS	F	p
24	列 间					
25	行 间					
26	处理间					
27	误 差					
28	总 计					

图 8-29 数据格式化

在 D24 单元格输入 " =B24/C24", 回车; 拖动 D24 单元格填充柄至 D27 单元格。

在 E24 单元格输入 " =D24/\$D\$27", 回车; 拖动 E24 单元格填充柄至 E26 单元格。

在 F24 单元格输入 " =F. DIST. RT(E24, C24, \$C\$27)", 回车; 拖动 F24 单元格填充柄至 F26 单元格。

结果如图 8-30 所示。

	A	B	C	D	E	F
22	k	5				
23	变异来源	SS	df	MS	F	p
24	列 间	69.84	4	17.46	1.2751	0.3331
25	行 间	13.04	4	3.26	0.2381	0.9114
26	处理间	342.64	4	85.66	6.2556	0.0059
27	误 差	164.32	12	13.693		
28	总 计	589.84	24			

图 8-30 统计结果

由于处理间的概率 $p = 0.0059 < 0.01$，差异极显著，需对 5 个品种进行多重比较。多重比较参见 5.1.1 节【例 5-1】，过程及结果略。

8.4　正交设计及统计分析

正交设计是利用正交表安排多因素试验，探求各因素水平的最佳组合，从而得到最优或较优试验方案（条件）的一种高效率试验设计方法。正交表是正交设计的基本工具，见附表 10。

正交表有两种，一种是等水平正交表，所有因素的水平数都相同，各水平出现的次数相同，记为 $L_n(m^k)$；另外一种为混合水平正交表，因素的水平数不完全相同，各水平出现的次数也不相同，记为：

$$L_n(m_1^{k1} \times m_2^{k2})$$

式中　L——正交性；

　　　k——正交表的列数，表示最多可安排的因素数；

　　　m——各因素下的水平数；

　　　n——试验处理的次数或处理组合数。

正交设计试验的方法参见相关生物统计学教材。

8.4.1　随机设计的正交统计分析

8.4.1.1　极差分析

极差分析见表 8-11。

表 8-11　正交设计的极差分析

因素	A	B	…	…	试　验　指　标				
列号	1	2	…	k					
试验号					1	2	…	s	总和 T_t
1	1	…	…	…	x_{11}	x_{12}	…	x_{1s}	T_1
2	1	…	…	…	x_{21}	x_{22}	…	x_{2s}	T_2
⋮	⋮	⋮	⋮	⋮	⋮	⋮	⋮	⋮	⋮
n	m	…	…	…	x_{n1}	x_{n2}	…	x_{nr}	T_n
K_1	K_{11}	K_{12}	…	K_{1k}					T
K_2	K_{21}	K_{22}	…	K_{2k}					
⋮	⋮	⋮	⋮	⋮					
K_m	K_{m1}	K_{m2}	…	K_{mk}					
$\bar{x}_1$	$\bar{x}_{11}$	$\bar{x}_{12}$	…	$\bar{x}_{1k}$					
$\bar{x}_2$	$\bar{x}_{21}$	$\bar{x}_{22}$	…	$\bar{x}_{2k}$					

因素	A	B	…	…	试 验 指 标		
列号	1	2	…	k			
⋮	⋮	⋮	⋮	⋮			
$\bar{x}_m$	$\bar{x}_{m1}$	$\bar{x}_{m2}$	…	$\bar{x}_{mk}$			
R	R_1	R_2	…	R_k			

注：$K_{ij}(i=1,2,\cdots,m;j=1,2,\cdots,k)$ 是第 j 列因素第 i 水平所对应试验指标的和；$\bar{x}_{ij}=K_{ij}/sn_j(i=1,2,\cdots,m;j=1,2,\cdots,k)$ 是第 j 列因素第 i 水平所对应试验指标的平均数，其中 n_j 为第 j 列因素各水平重复的次数，s 为试验指标的重复数。$R_j(j=1,2,\cdots,k)$ 是第 j 列因素的最大平均数-最小平均数（即极差）。R_j 主要判断试验因素对试验指标影响的主次顺序。

8.4.1.2 方差分析

方差分析见表 8-12。

表 8-12 正交设计的方差分析

变异来源	SS	df	MS	F
因素 A	$SS_A = \dfrac{\sum K_{i1}^2}{sn_1} - \dfrac{T^2}{sn}$	$df_A = n_{1i} - 1$	$MS_A = \dfrac{SS_A}{df_A}$	$F_A = \dfrac{MS_A}{MS_e}$
因素 B	$SS_B = \dfrac{\sum K_{i2}^2}{sn_2} - \dfrac{T^2}{sn}$	$df_B = n_{2i} - 1$	$MS_B = \dfrac{SS_B}{df_B}$	$F_B = \dfrac{MS_B}{MS_e}$
⋮				
因素 J	$SS_J = \dfrac{\sum K_{ij}^2}{sn_j} - \dfrac{T^2}{sn}$	$df_J = n_{ji} - 1$	$MS_J = \dfrac{SS_J}{df_J}$	$F_J = \dfrac{MS_J}{MS_e}$
误差	$SS_e = SS_T - SS_A - SS_B - \cdots - SS_J$	$df_e = df_T - df_A - df_B - \cdots - df_J$	$MS_e = \dfrac{SS_e}{df_e}$	
总计	$SS_T = \sum x^2 - \dfrac{T^2}{sn}$	$df_T = sn - 1$		

注：n_{ji} 为第 J 列的水平数。

在方差分析中，误差是由"空列"来估计的，既包含试验误差，也包含交互作用。若不存在交互作用，可用误差估计试验误差；若存在交互作用，则会夸大试验误差。

当误差的自由度小于 2 时，F 检验灵敏度较低。解决的办法有：一是试验指标设置重复；二是将各因素方差（包括交互作用）与误差方差进行比较，当 $MS_{因素} \leqslant 2MS_e$ 时，将因素的自由度与误差自由度合并成 df'，因素的平方和与误

差的平方和合并 SS'_e，从而计算 MS'_e，然后再进行方差分析。

差异显著的因素及交互效应，查看其平均数的最大水平，在含有这些水平的试验组合或试验号中，试验指标较大的可能是最优条件，但需要试验号间的多重比较证实。

8.4.1.3 多重比较

多重比较时，SSR 法的平均数差数的标准误 $s_{\bar{x}}$ 为：

$A\cdots J$ 因素：　　$s_{\bar{x}} = \sqrt{MS_e/n_{ji}}$　　或　　$s_{\bar{x}} = \sqrt{MS'_e/n_{ji}}$

试验号或试验组合：　　$s_{\bar{x}} = \sqrt{MS_e/n}$　　或　　$s_{\bar{x}} = \sqrt{MS'_e/n}$

【例 8-6】　研究猴头菌糠木聚糖酶提取条件，采用 $L_9(3^4)$ 正交设计，试验方案及结果如图 8-31 所示。其中 A 代表温度，A1 为 25℃、A2 为 30℃、A3 为 35℃；B 代表时间，B1 为 1.5h、B2 为 2.0h、B3 为 2.5h；C 为液料比，C1 为 30：1，C2 为 40：1；C3 为 50：1。请进行统计分析，并指出木聚糖酶提取的最佳工艺。

（1）极差分析，将正交表（忽略空列）和试验结果（指标）录入，数据格式化如图 8-31 所示。

	A	B	C	D	E	F	G	H	I
1	试验号	*A*	*B*	*C*		试验指标			平均数
2	1	1	1	1		4.410			
3	2	1	2	2		5.496			
4	3	1	3	3		9.068			
5	4	2	1	2		5.386			
6	5	2	2	3		8.004			
7	6	2	3	1		5.825			
8	7	3	1	3		6.099			
9	8	3	2	1		4.990			
10	9	3	3	2		5.830			
11									
12									
13	平均数					重复数			
14	1								
15	2								
16	3								
17									
18									
19	*R*								
20									
21	水平数								
22	水平重复数								
23	*SS*								
24	*df*								

图 8-31　试验方案及结果

在 I2 单元格输入"=AVERAGE(F2:H2)",回车;拖动 I2 单元格填充柄至 I10 单元格。

在 F13 单元格输入"=COUNT(F2:H2)",回车。

在 B14 单元格输入"=AVERAGEIF(B\$2:B\$12,\$A14,\$I\$2:\$I\$12)",回车;拖动 B14 单元格填充柄至 D14 单元格。在 B14:D14 选中状态下,拖动填充柄至 B16:D16 单元格。

在 B19 单元格输入"=MAX(B14:B18)-MIN(B14:B18)",回车;拖动 B19 单元格填充柄至 D19 单元格。

在 B21 单元格输入"=MAX(B2:B12)",回车;拖动 B21 单元格填充柄至 D21 单元格。

在 B22 单元格输入"=COUNTIF(B2:B12,1)",回车;拖动 B22 单元格填充柄至 D22 单元格。

在 B23 单元格输入"=DEVSQ(B14:B18)*B22*\$G\$13",回车;拖动 B23 单元格填充柄至 D23 单元格。

在 B24 单元格输入"=B21-1",回车;并拖动 B24 单元格填充柄至 D24 单元格。

结果如图 8-32 所示。

	A	B	C	D	E	F	G	H	I
1	试验号	*A*	*B*	*C*		试验指标			平均数
2	1	1	1	1		4.410			4.41
3	2	1	2	2		5.496			5.496
4	3	1	3	3		9.068			9.068
5	4	2	1	2		5.386			5.386
6	5	2	2	3		8.004			8.004
7	6	2	3	1		5.825			5.825
8	7	3	1	3		6.099			6.099
9	8	3	2	1		4.990			4.99
10	9	3	3	2		5.830			5.83
11									
12									
13	平均数					重复数	1		
14	1	6.3247	5.2983	5.075					
15	2	6.405	6.1633	5.5707					
16	3	5.6397	6.9077	7.7237					
17									
18									
19	*R*	0.7653	1.6093	2.6487					
20									
21	水平数	3	3	3					
22	水平重复数	3	3	3					
23	*SS*	1.0614	3.8922	11.897					
24	*df*	2	2	2					

图 8-32 统计结果

极差分析表明（B19:D19）：$R_3>R_2>R_1$，各因素对木聚糖酶提取影响的顺序为 $C>B>A$。A21:D24 为方差分析所用的数据。

（2）方差分析，数据格式化如图 8-33 所示。

J	K	L	M	N	O	P	Q	R
1				方差分析				
2	变异来源	SS	df	MS	F	空闲列	F'	p
3	1							
4	2							
5	3							
6	4							
7	5							
8	6							
9	7							
10	8							
11								
12								
13	误差							
14	合并因素							
15	合并误差							
16	总计							

图 8-33　数据格式化

在 K3 单元格输入"=OFFSET($B$1,0,J3−1)"，回车；拖动 K3 单元格填充柄至 K5 单元格。

在 L3 单元格输入"=OFFSET(B$23,0,J3−1)"，回车；拖动 L3 单元格填充柄至 L5 单元格。

在 M3 单元格输入"=OFFSET(B$24,0,J3−1)"，回车；拖动 M3 单元格填充柄至 M5 单元格。

在 N3 单元格输入"=L3/M3"，回车；拖动 N3 单元格填充柄至 N5 单元格。

在 O3 单元格输入"=N3/$N$13"，回车；拖动 O3 单元格填充柄至 O5 单元格。

在 P3 单元格输入"=IF(O3>2,1,"＊")"，回车；拖动 P3 单元格填充柄至 P5 单元格（注：判断所在行的因素是否与误差的 SS 和 df 合并，1 代表不合并，＊代表合并）。

在 Q3 单元格输入"=N3＊P3/$N$15"，回车；拖动 Q3 单元格填充柄至 Q5 单元格（注：如果有合并的情况，将计算新的 F 值；如果没有合并的情况，维持原来的 F 值）。

在 R3 单元格输入"=F. DIST. RT(Q3,M3,$M$15)"，回车；拖动 R3 单元格填充柄至 R5 单元格。

在 L13 单元格输入"=L16−SUM(L3:L12)"，回车；拖动 L13 单元格填充柄至 M13 单元格。

在 N13 单元格输入"=L13/M13"，回车。

在 L14 单元格输入 "=SUMIF($P$3:$P$12," * ",L3:L12)",回车;拖动 L14 单元格填充柄至 M14 单元格(注:合并因素是将所有 P 列标有 * 的因素 *SS* 和 *df* 相加)。

在 L15 单元格输入 "=SUM(L13:L14)",回车;拖动 L15 单元格填充柄至 M15 单元格(注:合并误差是将误差和合并因素的 *SS* 和 *df* 相加)。

在 N15 单元格输入 "=L15/M15",回车。

在 L16 单元格输入 "=DEVSQ(F2:H12)",回车。

在 M16 单元格输入 "=COUNT(A2:A12)*G13−1",回车。

结果如图 8−34 所示。

	J	K	L	M	N	O	P	Q	R
1					方差分析				
2		变异来源	*SS*	*df*	*MS*	*F*	空闲列	*F′*	*p*
3	1	A	1.06141	2	0.5307	1.5369	*	#VALUE!	#VALUE!
4	2	B	3.89221	2	1.9461	5.6358	1	4.443086	0.096355
5	3	C	11.8965	2	5.9483	17.226	1	13.58028	0.016478
6	4								
7	5								
8	6								
9	7								
10	8								
11									
12									
13		误差	0.69062	2	0.3453				
14		合并因素	1.06141	2					
15		合并误差	1.75203	4	0.438				
16		总计	17.5408	8					

图 8−34 统计结果

在图 8−34 中,O3~O5 是三个因素的最初的 *F* 值,由于 A 因素是空闲列 (P3 单元格,显示为 *),因此 A 因素与误差的 *SS*、*df* 分别合并,计算 *F′*,再进行方差分析;合并后,B 因素的概率为 $p=0.0963545>0.05$,差异不显著,C 因素的概率为 $p=0.0164782<0.05$,差异显著。在 C 的 3 个水平中,C3 水平的平均数最大。在试验指标中,含有 C3 的试验号为 3、5、7,其中 3 号的值最大,可能是最优条件,即 3 号试验组合 $A_1B_3C_3$,但需要试验号间的多重比较证实。因素 C 和 9 个试验号的多重比较参见【例 5−1】。

本程序适用于因素包括交互效应(不包括空列)没有重复的正交分析。在实际使用时,可在 E 列前插入若干列或删除若干列的内容,在 12 和 18 行前插入若干行或删除若干行的内容,拖动 B14 单元格填充至相应的范围,B19、B21~B24 向右填充至相应的列,H3~O3 向下填充至相应的位置,以完成新正交表的统计分析。试验指标重复数不超过 3 时,直接录入;重复数大于 3 时,在 H 列前插入若干列。

【**例 8-7**】 假设【例 8-6】试验指标有 3 个重复数，请进行统计分析，并指出木聚糖酶提取的最佳工艺。

将正交表及试验指标（不包括空列）录入，即可完成极差分析和方差分析，如图 8-35 和图 8-36 所示。

	A	B	C	D	E	F	G	H	I
1	试验号	*A*	*B*	*C*			试验指标		平均数
2	1	1	1	1		4.410	5.159	5.232	4.9337
3	2	1	2	2		5.496	5.116	5.257	5.2897
4	3	1	3	3		9.068	9.202	9.068	9.1127
5	4	2	1	2		5.386	5.461	4.927	5.258
6	5	2	2	3		8.004	7.337	7.967	7.7693
7	6	2	3	1		5.825	5.241	5.341	5.469
8	7	3	1	3		6.099	6.827	6.447	6.4577
9	8	3	2	1		4.990	5.244	5.427	5.2203
10	9	3	3	2		5.830	6.119	5.924	5.9577
11									
12									
13	平均数					重复数	3		
14	1	6.4453	5.5498	5.2077					
15	2	6.1654	6.0931	5.5018					
16	3	5.8786	6.8464	7.7799					
17									
18									
19	*R*	0.5668	1.2967	2.5722					
20									
21	水平数	3	3	3					
22	水平重复数	3	3	3					
23	*SS*	1.4456	7.6322	35.678					
24	*df*	2	2	2					

图 8-35 极差分析结果

	J	K	L	M	N	O	P	Q	R
1					方差分析				
2		变异来源	*SS*	*df*	*MS*	*F*	空闲列	*F'*	*p*
3	1	A	1.44564	2	0.7228	3.2769	1	3.276916	0.058753
4	2	B	7.6322	2	3.8161	17.3	1	17.30035	4.35E-05
5	3	C	35.6779	2	17.839	80.873	1	80.87304	2.6E-10
6	4								
7	5								
8	6								
9	7								
10	8								
11									
12									
13		误差	4.41159	20	0.2206				
14		合并因素	0	0					
15		合并误差	4.41159	20	0.2206				
16		总计	49.1673	26					

图 8-36 方差分析结果

极差分析表明 $R_3 > R_2 > R_1$，各因素对木聚糖酶提取影响的顺序为 $C > B > A$。

方差分析表明 B 和 C 均达到了极显著水平。在 B 的 3 个水平中，第 3 水平的平均值最大；在 C 的 3 个水平中，第 3 水平的平均值最大。同时含有 B_3 和 C_3 的试验组合只有第 3 试验号，因此 3 号试验组合可能是最优条件，即 $A_1B_3C_3$，但需要试验号间的多重比较证实。

【例 8-8】 某一种抗菌素的发酵培养基由 A、B、C 3 种成分组成，各有 2 个水平，考察因素及交互作用。采用 $L_8(2^7)$ 正交设计，试验方案及结果如图 8-37 所示。请进行分析，并指出最佳发酵培养基。

将正交表及试验指标（不包括空列）录入，并在图 8-31 和图 8-33 基础上进行调整，即可完成极差分析和方差分析，如图 8-37 和图 8-38 所示。

	A	B	C	D	E	F	G	H	I	J	K
1	试验号	A	B	$A×B$	C	$A×C$	$B×C$	试验指标			平均数
2	1	1	1	1	1	1	1	55			55
3	2	1	1	1	2	2	2	38			38
4	3	1	2	2	1	1	2	97			97
5	4	1	2	2	2	2	1	89			89
6	5	2	1	2	1	2	1	122			122
7	6	2	1	2	2	1	2	124			124
8	7	2	2	1	1	2	2	79			79
9	8	2	2	1	2	1	1	61			61
10											
11											
12											
13	平均数							重复数	1		
14	1	69.75	84.75	58.25	88.25	84.25	81.75				
15	2	96.5	81.5	108	78	82	84.5				
16											
17											
18											
19	R	26.75	3.25	49.75	10.25	2.25	2.75				
20											
21	水平数	2	2	2	2	2	2				
22	水平重复数	4	4	4	4	4	4				
23	SS	1431.1	21.125	4950.1	210.13	10.125	15.125				
24	df	1	1	1	1	1	1				

图 8-37 极差分析结果

A 及 $A×B$ 均达到了极显著水平。A 及 $A×B$ 的 2 个水平中，第 2 水平的平均值最大；同时含有 A_2 和 $A×B_2$ 的试验组合有 5 和 6 号，因此 5 和 6 号试验组合可能是最优条件，即 $A_2B_1C_1$ 和 $A_2B_1C_2$，但需要试验号间的多重比较证实。

【例 8-9】 为研究塑料薄膜保藏某水果过程中维生素 C 的变化规律，安排 4 因素正交试验。A 为包装方式 4 水平，B 为温度 2 水平，C 为时间 2 水平，D 为膜剂 2 水平，试验指标为维生素含量（mg/100g）。采用 $L_{16}(4^1×2^{12})$ 正

	变异来源	SS	df	MS	F	空闲列	F'	p
				方差分析				
1	A	1431.13	1	1431.1	13.614	1	19.78742	0.006713
2	B	21.125	1	21.125	0.201	*	#VALUE!	#VALUE!
3	A×B	4950.13	1	4950.1	47.088	1	68.44279	0.000421
4	C	210.125	1	210.13	1.9988	*	#VALUE!	#VALUE!
5	A×C	10.125	1	10.125	0.0963	*	#VALUE!	#VALUE!
6	B×C	15.125	1	15.125	0.1439	*	#VALUE!	#VALUE!
7								
8								
	误差	105.125	1	105.13				
	合并因素	256.5	4					
	合并误差	361.625	5	72.325				
	总计	6742.88	7					

图 8-38　方差分析结果

交设计，试验方案及结果如图 8-37 所示。请进行分析，并指出最佳保藏条件。

将正交表及试验指标（不包括空列）录入，并在图 8-31 和图 8-33 基础上进行调整，如图 8-39 和图 8-40 所示。

试验号	A	B	A×B			C	A×C			B×C	D	试验指标			平均数
1	1	1	1	1	1	1	1	1	1	1	1	0.41			0.41
2	1	1	1	1	1	2	2	2	2	2	1	0.25			0.25
3	1	2	2	2	2	1	1	1	2	2	2	0.37			0.37
4	1	2	2	2	2	2	2	2	1	1	1	0.3			0.3
5	2	1	1	2	2	1	1	2	1	2	2	0.13			0.13
6	2	1	1	2	2	2	2	1	2	1	2	0.25			0.25
7	2	2	2	1	1	1	1	2	2	1	2	0.08			0.08
8	2	2	2	1	1	2	2	1	1	1	1	0.31			0.31
9	3	1	2	1	2	1	2	1	2	1	2	0.330			0.33
10	3	1	2	1	2	2	1	2	1	2	2	0.6			0.58
11	3	2	1	2	1	1	2	1	2	2	1	0.4			0.39
12	3	2	1	2	1	2	1	2	1	1	2	0.5			0.51
13	4	1	2	2	1	1	2	2	1	1	2	0.3			0.29
14	4	1	2	2	1	2	1	1	2	2	1	0.5			0.48
15	4	2	1	1	2	1	2	2	1	2	1	0.4			0.35
16	4	2	1	1	2	2	1	1	2	1	2				0.44
平均数												重复数	1		
1	0.3325	0.34	0.3413	0.3438	0.34	0.2938	0.375	0.3725	0.3838	0.34	0.3688				
2	0.1925	0.3438	0.3425	0.34	0.3438	0.39	0.3088	0.3113	0.3	0.3438	0.315				
3	0.4525														
4	0.39														
R	0.26	0.0037	0.0012	0.0038	0.0038	0.0963	0.0663	0.0613	0.0838	0.0038	0.0538				
水平数	4	2	2	2	2	2	2	2	2	2	2				
水平重复数	4	8	8	8	8	8	8	8	8	8	8				
SS	0.147819	6E-05	6E-06	6E-05	6E-05	0.0371	0.0176	0.015	0.0281	6E-05	0.0116				
df	3	1	1	1	1	1	1	1	1	1	1				

图 8-39　极差分析结果

	Q	R	S	T	U	V	W	X	Y
1					方差分析				
2		变异来源	*SS*	*df*	*MS*	*F*	空闲列	*F'*	*p*
3	1	A	0.147819	3	0.0493	606.436	1	875.963	2.25E-09
4	2	B	5.62E-05	1	6E-05	0.69231	*	#VALUE!	#VALUE!
5	3	A×B	6.25E-06	1	6E-06	0.07692		#VALUE!	#VALUE!
6	4	0	5.63E-05	1	6E-05	0.69231		#VALUE!	#VALUE!
7	5	0	5.63E-05	1	6E-05	0.69231		#VALUE!	#VALUE!
8	6	C	0.037056	1	0.0371	456.077	1	658.7778	3.48E-08
9	7	A×C	0.017556	1	0.0176	216.077	1	312.1111	4.59E-07
10	8	0	0.015006	1	0.015	184.692	1	266.7778	7.86E-07
11	9	0	0.028056	1	0.0281	345.308	1	498.7778	9.13E-08
12	10	B×C	5.63E-05	1	6E-05	0.69231	*	#VALUE!	#VALUE!
13	11	D	0.011556	1	0.0116	142.231	1	205.4444	1.91E-06
14									
15									
16									
17									
18									
19		误差	0.000162	2	8E-05				
20		合并因素	0.000231	5					
21		合并误差	0.000394	7	6E-05				
22		总计	0.257444	15					

图 8-40　方差分析结果一

由于 $A×B$ 和 $A×C$ 各有 3 列，图 8-40 的方差分析与实际不符。删除 R6:T7 和 R10:T11 区域的数据。

将 S5 单元格的公式更改为 "=SUM(D29:F29)"，回车。

将 T5 单元格的公式更改为 "=SUM(D30:F30)"，回车。

将 S9 单元格的公式更改为 "=SUM(H29:J29)"，回车。

将 T9 单元格的公式更改为 "=SUM(H30:J30)"，回车。

结果如图 8-41 所示。

A、C、$A×C$、D 均达到了极显著水平。在 A 的 4 个水平中，第 3 个水平平均值最大；在 C 的 2 个水平中，第 2 个水平平均值最大；在 D 的 2 个水平中，第 1 个水平平均值最大；同时含有 $A_3C_2D_1$ 的试验组合只有 10 号，因此 10 号可能是最优条件，即 $A_3B_1C_2D_1$，但需要试验号间的多重比较证实。

8.4.2　随机区组设计的正交统计分析

试验指标采用随机区组设计，有 r 组。正交极差分析和多重比较与 8.4.1 节（s 改为 r），方差分析略有不同，见表 8-13。

	Q	R	S	T	U	V	W	X	Y
1					方差分析				
2		变异来源	*SS*	*df*	*MS*	*F*	空闲列	*F'*	*p*
3	1	A	0.147819	3	0.0493	606.436	1	875.963	2.25E-09
4	2	B	5.62E-05	1	6E-05	0.69231	*	#VALUE!	#VALUE!
5	3	A×B	0.000119	3	4E-05	0.48718	*	#VALUE!	#VALUE!
6	4				#DIV/0!	#DIV/0!	#DIV/0!	#DIV/0!	#DIV/0!
7	5				#DIV/0!	#DIV/0!	#DIV/0!	#DIV/0!	#DIV/0!
8	6	C	0.037056	1	0.0371	456.077	1	658.7778	3.48E-08
9	7	A×C	0.060619	3	0.0202	248.692	1	359.2222	5.01E-08
10	8				#DIV/0!	#DIV/0!	#DIV/0!	#DIV/0!	#DIV/0!
11	9				#DIV/0!	#DIV/0!	#DIV/0!	#DIV/0!	#DIV/0!
12	10	B×C	5.63E-05	1	6E-05	0.69231	*	#VALUE!	#VALUE!
13	11	D	0.011556	1	0.0116	142.231	1	205.4444	1.91E-06
14									
15									
16									
17									
18									
19		误差	0.000162	2	8E-05				
20		合并因素	0.000231	5					
21		合并误差	0.000394	7	6E-05				
22		总计	0.257444	15					

图 8-41 方差分析结果二

表 8-13 正交设计的极差分析

变异来源	*SS*	*df*	*MS*	*F*
区组	$SS_r = \dfrac{\sum T_r^2}{n} - \dfrac{T^2}{rn}$	$df_r = r - 1$	$MS_r = \dfrac{SS_r}{df_r}$	$F_r = \dfrac{MS_r}{MS_e}$
处理	$SS_t = \dfrac{\sum T_t^2}{r} - \dfrac{T^2}{rn}$	$df_t = n - 1$	$MS_t = \dfrac{SS_t}{df_t}$	$F_t = \dfrac{MS_t}{MS_e}$
因素 A	$SS_A = \dfrac{\sum K_{i1}^2}{rn_1} - \dfrac{T^2}{rn}$	$df_A = n_{1i} - 1$	$MS_A = \dfrac{SS_A}{df_A}$	$F_A = \dfrac{MS_A}{MS_e}$
因素 B	$SS_B = \dfrac{\sum K_{i2}^2}{rn_2} - \dfrac{T^2}{rn}$	$df_B = n_{2i} - 1$	$MS_B = \dfrac{SS_B}{df_B}$	$F_B = \dfrac{MS_B}{MS_e}$
…	…	…	…	…
因素 J	$SS_J = \dfrac{\sum K_{ij}^2}{rn_j} - \dfrac{T^2}{rn}$	$df_J = n_{ji} - 1$	$MS_J = \dfrac{SS_J}{df_J}$	$F_J = \dfrac{MS_J}{MS_e}$
误差 e_1	$SS_{e_1} = SS_t - SS_A - $ $SS_B - \cdots - SS_J$	$df_{e_1} = df_t - df_A - $ $df_B - \cdots - df_J$	$MS_{e_1} = \dfrac{SS_{e_1}}{df_{e_1}}$	$F_{e_1} = \dfrac{MS_{e_1}}{MS_e}$

变异来源	SS	df	MS	F
重复误差 e	$SS_e = SS_T - SS_r - SS_t$	$df_e = df_T - df_r - df_t$	$MS_e = \dfrac{SS_e}{df_e}$	
合并误差	SS'_e	df'	$MS'_e = \dfrac{SS'_e}{df'}$	
总计	$SS_T = \sum x^2 - \dfrac{T^2}{rn}$	$df_T = rn - 1$		

注：n_{ji} 为第 J 列的水平数。

首先检验 $F_{e_1} = MS_{e_1}/MS_e$ 差异的显著性，若不显著，将误差和重复误差的自由度合并成 df'，平方和合并成 SS'_e，从而计算 MS'_e，然后再进行方差分析和多重比较；若差异显著，说明存在交互作用，误差和重复误差不能合并，此时只能以 MS_e 进行方差分析与多重比较。多重比较与 8.4.1 节相同。

【例 8-10】 假设【例 8-6】试验指标 3 个重复采用随机区组设计，请进行统计分析，并指出木聚糖酶提取的最佳工艺。

（1）极差分析，将正交表及试验指标（不包括空列）录入，并在图 8-31 基础上进行调整。

将 F13 单元格的"重复数"更改为"区组数"。

在 F14 单元格输入"总和 T_r"。

在 F15 单元格输入" =SUM（F2:F12）"，回车；拖动 F15 单元格填充柄至 H15 单元格。

其余单元格的公式与图 8-31 相同，结果如图 8-42 所示。

（2）方差分析，数据格式化如图 8-43 所示。

在 K5 单元格输入" =OFFSET($B$1,0,J5-1)"，回车；拖动 K5 单元格填充柄至 K7 单元格。

在 L3 单元格输入" =DEVSQ（F15:H15）/COUNT（F2:F12）"，回车。

在 L4 单元格输入" =DEVSQ（I2:I12）*G13"，回车。

在 L5 单元格输入" =OFFSET（B$23,0,J5-1）"，回车；拖动 L5 单元格填充柄至 L7 单元格。

在 M3 单元格输入" =G13-1"，回车。

在 M4 单元格输入" =COUNT（I2:I12）-1"，回车。

在 M5 单元格输入" =OFFSET（B$24,0,J5-1）"，回车；拖动 M5 单元格填充柄至 M7 单元格。

在 N3 单元格输入" =L3/M3"，回车；拖动 N3 单元格填充柄至 N7 单元格。

	A	B	C	D	E	F	G	H	I
1	试验号	*A*	*B*	*C*			试验指标		平均数
2	1	1	1	1		4.410	5.159	5.232	4.9337
3	2	1	2	2		5.496	5.116	5.257	5.2897
4	3	1	3	3		9.068	9.202	9.068	9.1127
5	4	2	1	2		5.386	5.461	4.927	5.258
6	5	2	2	3		8.004	7.337	7.967	7.7693
7	6	2	3	1		5.825	5.241	5.341	5.469
8	7	3	1	3		6.099	6.827	6.447	6.4577
9	8	3	2	1		4.990	5.244	5.427	5.2203
10	9	3	3	2		5.830	6.119	5.924	5.9577
11									
12									
13	平均数					区组数	3		
14	1	6.4453	5.5498	5.2077		总和T_r			
15	2	6.1654	6.0931	5.5018		55.108	55.706	55.590	
16	3	5.8786	6.8464	7.7799					
17									
18									
19	*R*	0.5668	1.2967	2.5722					
20									
21	水平数	3		3					
22	水平重复数	3	3	3					
23	*SS*	1.4456	7.6322	35.678					
24	*df*	2	2	2					

图 8-42 极差分析结果

	J	K	L	M	N	O	P	Q
1					方差分析			
2		变异来源	*SS*	*df*	*MS*	*F*	*F'*	*p*
3		区组						
4		处理						
5	1	A						
6	2	B						
7	3	C						
8	4							
9	5							
10	6							
11								
12								
13		误差						
14		重复误差						
15		合并误差						
16		总计						

图 8-43 数据格式化

在 O3 单元格输入"＝N3/$N$14"，回车；拖动 O3 单元格填充柄至 O7 单元格。

在 P3 单元格输入"＝IF($Q$13>0.05,N3/$N$15,O3)"，回车；拖动 P3 单元格填充柄至 P7 单元格。

在 Q3 单元格输入"＝IF(P3＝O3,F. DIST. RT(P3,M3,$M$14),F. DIST. RT(P3,M3,$M$15))"，回车；拖动 Q3 单元格填充柄至 Q7 单元格。

在 L13 单元格输入"＝L4-SUM(L5:L12)"，回车；拖动 L13 单元格填充柄至 M13 单元格。

在 L14 单元格输入"＝L16-SUM(L3:L4)"，回车；拖动 L14 单元格填充柄至 M14 单元格。

在 L15 单元格输入"＝IF($Q$13>0.05,SUM(L13:L14),"")"，回车；拖动 L15 单元格填充柄至 M15 单元格。

在 L16 单元格输入"＝DEVSQ(F2:H12)"，回车。

在 M16 单元格输入"＝COUNT(A2:A12)*G13-1"，回车。

在 N13 单元格输入"＝L13/M13"，回车；拖动 N13 单元格填充柄至 N14 单元格。

在 N15 单元格输入"＝IF(M15＝"","",L15/M15)"，回车。

在 O13 单元格输入"＝N13/N14"，回车。

在 Q13 单元格输入"＝F. DIST. RT(O13,M13,M14)"，回车。

结果如图 8-44 所示。

	J	K	L	M	N	O	P	Q
1					方差分析			
2		变异来源	*SS*	*df*	*MS*	*F*	*F'*	*p*
3		区组	0.02235	2	0.011174	0.11718	0.11718	0.8901811
4		处理	47.6193	8	5.952406	62.4233	62.4233	1.309E-10
5	1	A	1.44564	2	0.72282	7.58027	7.58027	0.0048319
6	2	B	7.6322	2	3.8161	40.0197	40.0197	5.934E-07
7	3	C	35.6779	2	17.83893	187.078	187.078	7.999E-12
8	4							
9	5							
10	6							
11								
12								
13		误差	2.86355	2	1.431777	15.0152		0.0002131
14		重复误差	1.52569	16	0.095355			
15		合并误差						
16		总计	49.1673	26				

图 8-44 方差分析结果

　　方差分析表明因素 A、B、C 均达到了极显著水平。在 A 的 3 个水平中，第 1 水平的平均值最大；在 B 的 3 个水平中，第 3 水平的平均值最大；在 C 的 3 个水平中，第 3 水平的平均值最大。因此，$A_1B_3C_3$ 组合可能是最优条件，即第 3 号试验号，但需要试验号间的多重比较证实。

附　　录

附录1　相关表格

附表1　双侧狄克逊（Dixon）检验的临界值 $D_{0.95}$

n	$D_{0.95}$	n	$D_{0.95}$	n	$D_{0.95}$	n	$D_{0.95}$
3	0.970	28	0.420	53	0.338	78	0.303
4	0.829	29	0.415	54	0.337	79	0.303
5	0.710	30	0.409	55	0.335	80	0.302
6	0.628	31	0.403	56	0.334	81	0.301
7	0.569	32	0.399	57	0.330	82	0.301
8	0.608	33	0.395	58	0.329	83	0.301
9	0.564	34	0.390	59	0.327	84	0.298
10	0.530	35	0.388	60	0.325	85	0.297
11	0.619	36	0.438	61	0.323	86	0.297
12	0.583	37	0.380	62	0.321	87	0.296
13	0.557	38	0.377	63	0.320	88	0.295
14	0.587	39	0.375	64	0.319	89	0.294
15	0.565	40	0.370	65	0.318	90	0.293
16	0.547	41	0.367	66	0.316	91	0.291
17	0.527	42	0.364	67	0.315	92	0.290
18	0.513	43	0.362	68	0.313	93	0.289
19	0.500	44	0.359	69	0.313	94	0.289
20	0.488	45	0.357	70	0.312	95	0.288
21	0.479	46	0.353	71	0.310	96	0.288
22	0.469	47	0.352	72	0.309	97	0.286
23	0.460	48	0.350	73	0.308	98	0.285
24	0.449	49	0.346	74	0.306	99	0.285
25	0.441	50	0.343	75	0.305	100	0.284
26	0.436	51	0.342	76	0.304		
27	0.427	52	0.340	77	0.304		

附表 2　Shapiro-Wilk 检验：为计算检验统计量 W 而用的系数 α_K

K \ n	2	3	4	5	6	7	8	9	10
1	0.7071	0.7071	0.6872	0.6646	0.6431	0.6233	0.6052	0.5888	0.5739
2			0.1677	0.2413	0.2806	0.3031	0.3164	0.3244	0.3291
3					0.0875	0.1401	0.1743	0.1976	0.2141
4							0.0561	0.0947	0.1224
5									0.0399

K \ n	11	12	13	14	15	16	17	18	19	20
1	0.5601	0.5475	0.5359	0.5251	0.5150	0.5056	0.4968	0.4886	0.4808	0.4734
2	0.3315	0.3325	0.3325	0.3318	0.3306	0.3290	0.3273	0.3253	0.3232	0.3211
3	0.2260	0.2347	0.2412	0.2460	0.2495	0.2521	0.2540	0.2553	0.2561	0.2565
4	0.1429	0.1586	0.1707	0.1802	0.1878	0.1939	0.1988	0.2027	0.2059	0.2085
5	0.0695	0.0922	0.1099	0.1240	0.1353	0.1447	0.1524	0.1587	0.1641	0.1686
6		0.0303	0.0539	0.0727	0.0880	0.1005	0.1109	0.1197	0.1271	0.1334
7				0.0240	0.0433	0.0593	0.0725	0.0837	0.0932	0.1013
8						0.0196	0.0359	0.0496	0.0612	0.0711
9								0.0163	0.0303	0.0422
10										0.0140

K \ n	21	22	23	24	25	26	27	28	29	30
1	04643	0.4590	0.4542	0.4493	0.4450	0.4407	0.4366	0.4328	0.4291	0.4254
2	0.3185	0.3156	0.3126	0.3098	0.3069	0.3043	0.3018	0.2992	0.2968	0.2944
3	0.2578	0.2571	0.2563	0.2554	0.2543	0.2533	0.2522	0.2510	0.2499	0.2487
4	0.2119	0.2131	0.2139	0.2145	0.2148	0.2151	0.2152	0.2151	0.2150	0.2148
5	0.1736	0.1764	0.1787	0.1807	0.1822	0.1836	0.1848	0.1857	0.1864	0.1870
6	0.1399	0.1443	0.1480	0.1512	0.1539	0.1563	0.1584	0.1601	0.1616	0.1630
7	0.1092	0.1150	0.1201	0.1245	0.1283	0.1316	0.1346	0.1372	0.1395	0.1415
8	0.0804	0.0878	0.0941	0.0997	0.1046	0.1089	0.1128	0.1162	0.1192	0.1219
9	0.0530	0.0618	0.0696	0.0764	0.0823	0.0876	0.0923	0.0965	0.1002	0.1036

续附表 2

K \ n	21	22	23	24	25	26	27	28	29	30
10	0.0263	0.0368	0.0459	0.0539	0.0610	0.0672	0.0728	0.0778	0.0822	0.0862
11		0.0122	0.0228	0.0321	0.0403	0.0476	0.0540	0.0598	0.0650	0.0697
12				0.0107	0.0200	0.0284	0.0358	0.0424	0.0483	0.0537
13						0.0094	0.0178	0.0253	0.0320	0.0381
14								0.0084	0.0159	0.0227
15										0.0076

K \ n	31	32	33	34	35	36	37	38	39	40
1	0.4220	0.4188	0.4156	0.4127	0.4096	0.4068	0.4040	0.4015	0.3989	0.3964
2	0.2921	0.2898	0.2876	0.2854	0.2834	0.2813	0.2794	0.2774	0.2755	0.2737
3	0.2475	0.2463	0.2451	0.2439	0.2427	0.2415	0.2403	0.2391	0.2380	0.2368
4	0.2145	0.2141	0.2137	0.2132	0.2127	0.2121	0.2116	0.2110	0.2104	0.2098
5	0.1874	0.1878	0.1880	0.1882	0.1883	0.1883	0.1883	0.1881	0.1880	0.1878
6	0.1641	0.1651	0.1660	0.1667	0.1673	0.1678	0.1683	0.1686	0.1689	0.1691
7	0.1433	0.1449	0.1463	0.1475	0.1487	0.1496	0.1505	0.1513	0.1520	0.1526
8	0.1243	0.1265	0.1284	0.1301	0.1317	0.1331	0.1344	0.1356	0.1366	0.1376
9	0.1066	0.1093	0.1118	0.1140	0.1160	0.1179	0.1196	0.1211	0.1225	0.1237
10	0.0899	0.0931	0.0961	0.0988	0.1013	0.1036	0.1056	0.1075	0.1092	0.1108
11	0.0739	0.0777	0.0812	0.0844	0.0873	0.0900	0.0924	0.0947	0.0967	0.0986
12	0.0585	0.0629	0.0669	0.0706	0.0739	0.0770	0.0798	0.0824	0.0848	0.0870
13	0.0435	0.0485	0.0530	0.0572	0.0610	0.0645	0.0677	0.0706	0.0733	0.0759
14	0.0289	0.0344	0.0395	0.0441	0.0484	0.0523	0.0559	0.0592	0.0622	0.0651
15	0.0144	0.0206	0.0262	0.0314	0.0361	0.0404	0.0444	0.0481	0.0515	0.0546
16		0.0068	0.0131	0.0187	0.0239	0.0287	0.0331	0.0372	0.0409	0.0444
17				0.0062	0.0119	0.0172	0.0220	0.0264	0.0305	0.0343
18						0.0057	0.0110	0.0158	0.0203	0.0244
19								0.0053	0.0101	0.0146
20										0.0049

K \ n	41	42	43	44	45	46	47	48	49	50
1	0.3940	0.3917	0.3894	0.3872	0.3850	0.3830	0.3808	0.3789	0.3770	0.3751
2	0.2719	0.2701	0.2684	0.2667	0.2651	0.2635	0.2620	0.2604	0.2589	0.2574
3	0.2357	0.2345	0.2334	0.2323	0.2313	0.2302	0.2291	0.2281	0.2271	0.2260
4	0.2091	0.2085	0.2078	0.2072	0.2065	0.2058	0.2052	0.2045	0.2038	0.2032
5	0.1876	0.1874	0.1871	0.1868	0.1865	0.1862	0.1859	0.1855	0.1851	0.1847
6	0.1693	0.1694	0.1695	0.1695	0.1695	0.1695	0.1695	0.1693	0.1692	0.1691
7	0.1531	0.1535	0.1539	0.1542	0.1545	0.1548	0.1550	0.1551	0.1553	0.1554
8	0.1384	0.1392	0.1398	0.1405	0.1410	0.1415	0.1420	01423	0.1427	0.1430
9	0.1249	0.1259	0.1269	0.1278	0.1286	0.1293	0.1300	0.1306	0.1312	0.1317
10	0.1123	0.1136	0.1149	0.1160	0.1170	0.1180	0.1189	0.1197	0.1205	0.1212
11	0.1004	0.1020	0.1035	0.1049	0.1062	0.1073	0.1085	0.1095	0.1105	0.1113
12	0.0891	0.0909	0.0927	0.0943	0.0959	0.0972	0.0986	0.0998	0.1010	0.1020
13	0.0782	0.0804	0.0824	0.0842	0.0860	0.0876	0.0892	0.0906	0.0919	0.0932
14	0.0677	0.0701	0.0724	0.0745	0.0765	0.0783	0.0801	0.0817	0.0832	0.0846
15	0.0575	0.0602	0.0628	0.0651	0.0673	0.0694	0.0713	0.0731	0.0748	0.0764
16	0.0476	0.0506	0.0534	0.0560	0.0584	0.0607	0.0628	0.0648	0.0667	0.0685
17	0.0379	0.0411	0.0442	0.0471	0.0497	0.0522	0.0546	0.0568	0.0588	0.0608
18	0.0283	0.0318	0.0352	0.0383	0.0412	0.0439	0.0465	0.0489	0.0511	0.0532
19	0.0188	0.0227	0.0263	0.0296	0.0328	0.0357	0.0385	0.0411	0.0436	0.0459
20	0.0094	0.0136	0.0175	0.0211	0.0245	0.0277	0.0307	0.0335	0.0361	0.0386
21		0.0045	0.0087	0.0126	0.0163	0.0197	0.0229	0.0259	0.0288	0.0314
22				0.0042	0.0081	0.0118	0.0153	0.0185	0.0215	0.0244
23						0.0039	0.0076	0.0111	0.0143	0.0174
24								0.0037	0.0071	0.0104
25										0.0035

附表 3　Shapiro-Wilk 检验：为计算检验统计量 W 的临界值 W_α

n	$W_{0.01}$	$W_{0.05}$	n	$W_{0.01}$	$W_{0.05}$	n	$W_{0.01}$	$W_{0.05}$
3	0.753	0.767	19	0.863	0.901	35	0.910	0.934
4	0.687	0.748	20	0.868	0.905	36	0.912	0.935
5	0.686	0.762	21	0.873	0.908	37	0.914	0.936
6	0.713	0.788	22	0.878	0.911	38	0.916	0.938
7	0.730	0.803	23	0.881	0.914	39	0.917	0.939
8	0.749	0.818	24	0.884	0.916	40	0.919	0.940
9	0.764	0.829	25	0.888	0.918	41	0.920	0.941
10	0.781	0.842	26	0.891	0.920	42	0.922	0.942
11	0.792	0.850	27	0.894	0.923	43	0.923	0.943
12	0.805	0.859	28	0.896	0.924	44	0.924	0.944
13	0.814	0.866	29	0.898	0.926	45	0.926	0.945
14	0.825	0.874	30	0.900	0.927	46	0.927	0.945
15	0.835	0.881	31	0.902	0.929	47	0.928	0.946
16	0.844	0.887	32	0.904	0.930	48	0.929	0.947
17	0.851	0.892	33	0.906	0.931	49	0.929	0.947
18	0.858	0.897	34	0.908	0.933	50	0.930	0.947

附表 4　Wilcoxon 符号-秩检验的双侧临界值

n	$T_{0.10}$	$T_{0.05}$	$T_{0.02}$	$T_{0.01}$	n	$T_{0.10}$	$T_{0.05}$	$T_{0.02}$	$T_{0.01}$
5	0	—	—	—	11	13	10	7	5
6	2	0	—	—	12	17	13	9	7
7	3	2	0	—	13	21	17	12	9
8	5	3	1	0	14	25	21	15	12
9	8	5	3	1	15	30	25	19	15
10	10	8	5	3					

附表 5　Wilcoxon 秩和检验双侧临界值

($n_1 < n_2$，$T_l =$ 第一样本秩和的下临界值，$T_r =$ 第一样本秩和的上临界值)

n_2	α	n_1					
		4	5	6	7	8	9
		$T_l \sim T_r$	$T_l \sim T_r$	$T_l \sim T_r$	$T_l \sim T_r$	$T_l \sim T_r$	$T_l \sim T_r$
4	0.10	11~25	17~33	24~42	32~52	41~63	51~75
	0.05	10~26	16~34	23~43	31~53	40~64	49~77
	0.02	—	15~35	22~44	29~55	38~66	48~78
	0.01	—	—	21~45	28~56	37~67	46~80

n_2	α	n_1					
		4	5	6	7	8	9
		$T_l \sim T_r$	$T_l \sim T_r$	$T_l \sim T_r$	$T_l \sim T_r$	$T_l \sim T_r$	$T_l \sim T_r$
5	0.10	12~28	19~36	26~46	34~57	44~68	54~81
	0.05	11~29	17~38	24~48	33~58	42~70	52~83
	0.02	10~30	16~39	23~49	31~60	40~72	50~85
	0.01	—	15~40	22~50	29~62	38~74	48~87
6	0.10	13~31	20~40	28~50	36~62	46~74	57~87
	0.05	12~32	18~42	26~52	34~64	44~76	55~89
	0.02	11~33	17~43	24~54	32~66	42~78	52~92
	0.01	10~34	16~44	23~55	31~67	40~80	50~94
7	0.10	14~34	21~44	29~55	39~66	49~79	60~93
	0.05	13~35	20~45	27~57	36~69	46~82	57~96
	0.02	11~37	18~47	25~59	24~71	43~85	54~99
	0.01	10~38	16~49	24~60	32~73	42~86	52~101
8	0.10	15~37	23~47	31~59	41~71	51~85	63~99
	0.05	14~38	21~49	29~61	38~74	49~87	60~102
	0.02	12~40	19~51	27~63	35~77	45~91	56~106
	0.01	11~41	17~53	25~65	34~78	43~93	54~108
9	0.10	16~40	24~51	33~63	43~76	54~90	66~105
	0.05	14~42	22~53	31~65	40~79	51~93	62~109
	0.02	13~43	20~55	28~68	37~82	47~97	59~112
	0.01	11~45	18~57	26~70	35~84	45~99	56~115
10	0.10	17~43	26~54	35~67	45~81	56~96	69~111
	0.05	15~45	23~57	32~70	42~84	53~99	65~115
	0.02	13~47	21~59	29~73	39~87	49~103	61~119
	0.01	12~48	19~61	27~75	37~89	47~105	58~122
11	0.10	18~46	27~58	37~71	47~86	59~101	72~117
	0.05	16~48	24~61	34~74	44~89	55~105	68~121
	0.02	14~50	22~63	30~78	40~93	51~109	63~126
	0.01	12~52	20~65	28~80	38~95	49~111	61~128

n_2	α	n_1					
		4	5	6	7	8	9
		$T_l \sim T_r$	$T_l \sim T_r$	$T_l \sim T_r$	$T_l \sim T_r$	$T_l \sim T_r$	$T_l \sim T_r$
12	0.10	19~49	28~62	38~76	49~91	62~106	75~123
	0.05	17~51	26~64	35~79	46~94	58~110	71~127
	0.02	15~53	23~67	32~82	42~98	53~115	66~132
	0.01	13~55	21~69	30~84	40~100	51~117	63~135
13	0.10	20~52	30~65	40~80	52~95	64~112	78~129
	0.05	18~54	27~68	37~83	48~99	60~116	73~134
	0.02	15~57	24~71	33~87	44~103	56~120	68~139
	0.01	13~59	22~73	31~89	41~106	53~123	65~142
14	0.10	21~55	31~69	42~84	54~100	67~117	81~135
	0.05	19~57	28~72	38~88	50~104	62~122	76~140
	0.02	16~60	25~75	34~92	45~109	58~126	71~145
	0.01	14~62	22~78	32~94	43~111	54~130	67~149
15	0.10	22~58	33~72	44~88	56~105	69~123	84~141
	0.05	20~60	29~76	40~92	52~109	65~127	79~146
	0.02	17~63	26~79	36~96	47~114	60~132	73~152
	0.01	15~65	23~82	33~99	44~117	56~136	69~156
16	0.10	24~60	34~76	46~92	58~110	72~128	87~147
	0.05	21~63	30~80	42~96	54~114	67~133	82~152
	0.02	17~67	27~83	37~101	49~119	62~138	76~158
	0.01	15~69	24~86	34~104	46~122	58~142	72~162
17	0.10	25~63	35~80	47~97	61~114	75~133	90~153
	0.05	21~67	32~83	43~101	56~119	70~138	84~159
	0.02	18~70	28~87	39~105	51~124	64~144	78~165
	0.01	16~72	25~90	36~108	47~128	60~148	74~169
18	0.10	26~66	37~83	49~101	63~119	77~139	93~159
	0.05	22~70	33~87	45~105	58~124	72~144	87~165
	0.02	19~73	29~91	40~110	52~130	66~150	81~171
	0.01	16~76	26~94	37~113	49~133	62~154	76~176

n_2	α	n_1					
		4	5	6	7	8	9
		$T_l \sim T_r$	$T_l \sim T_r$	$T_l \sim T_r$	$T_l \sim T_r$	$T_l \sim T_r$	$T_l \sim T_r$
19	0.10	27~69	38~87	51~105	65~124	80~144	96~165
	0.05	23~73	34~91	46~110	60~129	74~150	90~171
	0.02	19~77	30~95	41~115	54~135	68~156	83~178
	0.01	17~79	27~98	38~118	50~139	64~160	78~183
20	0.10	28~72	40~90	53~109	67~129	83~149	99~171
	0.05	24~76	35~95	48~114	62~134	77~155	93~177
	0.02	20~80	31~99	43~119	56~140	70~162	85~185
	0.01	18~82	28~102	39~123	52~144	60~166	81~189
21	0.10	29~75	41~94	55~113	69~134	85~155	102~177
	0.05	25~79	37~98	50~118	64~139	79~161	95~184
	0.02	21~83	32~103	44~124	58~145	72~168	88~191
	0.01	18~86	29~106	40~128	53~150	68~172	83~196
22	0.10	30~78	43~97	57~117	72~138	88~160	105~183
	0.05	26~82	38~102	51~123	66~144	81~167	98~190
	0.02	21~87	33~107	45~129	59~151	74~174	90~198
	0.01	19~89	29~111	42~132	55~155	70~178	85~203
23	0.10	31~81	44~101	58~122	74~143	90~166	108~189
	0.05	27~85	39~106	53~127	68~149	84~172	101~196
	0.02	22~90	34~111	47~133	61~156	76~180	93~204
	0.01	19~93	30~115	43~137	57~160	71~185	88~209
24	0.10	32~84	45~105	60~126	76~148	93~171	111~195
	0.05	27~89	40~110	54~132	70~154	86~178	104~202
	0.02	23~93	35~115	48~138	63~161	78~186	95~211
	0.01	20~96	31~119	44~142	58~166	73~191	90~216
25	0.10	33~87	47~108	62~130	78~153	96~176	114~201
	0.05	28~92	42~113	56~136	72~159	89~183	107~208
	0.02	23~97	36~119	50~142	64~167	81~191	98~217
	0.01	20~100	32~123	45~147	60~171	75~197	92~223

n_2	α	n_1					
		4	5	6	7	8	9
		$T_l \sim T_r$	$T_l \sim T_r$	$T_l \sim T_r$	$T_l \sim T_r$	$T_l \sim T_r$	$T_l \sim T_r$
26	0.10	34~90	48~112	64~134	81~157	98~182	117~207
	0.05	29~95	43~117	58~140	74~164	91~189	109~215
	0.02	24~100	37~123	51~147	66~172	83~197	100~224
	0.01	21~103	33~127	46~152	61~177	77~203	94~230
27	0.10	35~93	50~115	66~138	83~162	101~187	120~213
	0.05	30~98	44~121	59~145	76~169	93~195	112~221
	0.02	25~103	38~127	52~152	68~177	85~203	103~230
	0.01	22~106	34~131	48~156	63~182	79~209	97~236
28	0.10	36~96	51~119	67~143	85~167	103~193	123~219
	0.05	31~101	45~125	61~149	78~174	96~200	115~227
	0.02	26~106	39~131	54~156	70~182	87~209	105~237
	0.01	22~110	35~135	49~161	64~188	81~215	99~243
29	0.10	37~99	53~122	69~147	87~172	106~198	126~225
	0.05	32~104	47~128	63~153	80~179	98~206	118~233
	0.02	26~110	40~135	55~161	71~188	89~215	108~243
	0.01	23~113	36~139	50~166	66~193	83~221	101~250
30	0.10	38~102	54~126	71~151	89~177	109~203	129~231
	0.05	33~107	48~132	64~158	82~184	101~211	121~239
	0.02	27~113	41~139	56~166	73~193	91~221	110~250
	0.01	23~117	37~143	51~171	68~198	85~227	103~257
31	0.10	39~105	55~130	73~155	92~181	111~209	132~237
	0.05	34~110	49~136	66~162	84~189	103~217	123~246
	0.02	28~116	42~143	58~170	75~198	93~227	112~257
	0.01	24~120	37~148	53~175	68~204	87~233	106~263
32	0.10	40~108	57~133	75~159	94~186	114~214	135~243
	0.05	34~114	50~140	67~167	86~194	106~222	126~252
	0.02	28~120	43~147	59~175	77~203	95~233	115~263
	0.01	24~124	38~152	54~180	71~209	89~239	108~270

续附表 5

n_2	α	n_1					
		4	5	6	7	8	9
		$T_l \sim T_r$	$T_l \sim T_r$	$T_l \sim T_r$	$T_l \sim T_r$	$T_l \sim T_r$	$T_l \sim T_r$
33	0.10	41~111	58~137	77~163	96~191	117~219	138~249
	0.05	35~117	52~143	69~171	88~199	108~228	129~258
	0.02	29~123	44~151	61~179	78~209	97~239	117~270
	0.01	25~127	39~156	55~185	72~215	90~246	110~277
34	0.10	42~114	60~140	78~168	98~196	119~225	141~255
	0.05	36~120	53~147	71~175	90~204	110~234	132~264
	0.02	30~126	45~155	62~184	79~215	99~245	120~276
	0.01	26~130	40~160	56~190	73~221	92~252	112~284
35	0.10	43~117	61~144	80~172	100~201	122~230	144~261
	0.05	37~123	54~151	72~180	92~209	113~239	135~270
	0.02	30~130	46~159	63~189	81~220	101~251	122~283
	0.01	26~134	41~164	57~195	75~226	94~258	114~291
36	0.10	44~120	62~148	82~176	102~206	124~236	148~266
	0.05	38~126	55~155	74~184	94~214	115~245	137~277
	0.02	31~133	47~163	65~193	83~225	103~257	125~289
	0.01	27~137	42~168	58~200	76~232	96~264	117~297
37	0.10	45~123	64~151	84~180	105~210	127~241	151~272
	0.05	39~129	57~158	76~188	96~219	117~251	140~283
	0.02	32~136	48~167	66~198	84~231	105~263	127~296
	0.01	28~140	43~172	60~204	78~237	98~270	119~304
38	0.10	46~126	65~155	85~185	107~215	130~246	154~287
	0.05	40~132	58~162	77~193	98~224	120~256	143~289
	0.02	32~140	49~171	67~203	86~236	107~269	129~303
	0.01	28~144	44~176	61~209	79~243	100~276	121~311
39	0.10	47~129	67~158	87~189	109~220	132~252	157~284
	0.05	41~135	59~166	79~197	100~229	122~262	146~295
	0.02	33~143	50~175	69~207	88~241	109~275	132~309
	0.01	29~147	45~180	62~214	81~248	102~282	123~318

n_2	α	n_1					
		4	5	6	7	8	9
		$T_l \sim T_r$	$T_l \sim T_r$	$T_l \sim T_r$	$T_l \sim T_r$	$T_l \sim T_r$	$T_l \sim T_r$
40	0.10	48~132	68~162	89~193	111~225	135~257	160~290
	0.05	41~139	60~170	80~202	102~234	125~267	149~301
	0.02	34~146	51~179	70~212	90~246	111~281	134~316
	0.01	29~151	46~184	63~219	82~254	103~289	126~324
41	0.10	49~135	69~166	91~197	114~229	138~262	163~296
	0.05	42~142	61~174	82~206	104~239	127~273	151~308
	0.02	34~150	52~183	72~216	91~252	113~287	137~322
	0.01	30~154	46~189	65~223	84~259	105~295	128~331
42	0.10	50~138	71~168	93~201	116~234	140~268	166~302
	0.05	43~145	63~177	84~210	106~244	129~279	154~314
	0.02	35~153	53~187	73~221	93~257	116~292	139~329
	0.01	31~157	47~193	66~228	85~265	107~301	130~338
43	0.10	51~141	72~173	95~205	118~239	143~273	169~308
	0.05	44~148	64~181	85~215	108~249	132~284	157~320
	0.02	35~157	54~191	74~226	95~262	118~298	142~335
	0.01	31~161	48~197	67~233	87~270	109~307	133~344
44	0.10	52~144	74~176	96~210	120~244	146~278	172~314
	0.05	45~151	65~185	87~219	110~254	134~290	160~326
	0.02	36~160	55~195	76~230	97~267	120~304	144~342
	0.01	32~164	49~201	68~238	88~276	111~313	135~351
45	0.10	53~147	75~180	98~214	123~248	148~284	175~320
	0.05	46~154	66~189	88~224	112~259	137~295	163~332
	0.02	37~163	56~199	77~235	98~273	122~310	147~348
	0.01	32~168	50~205	69~243	90~281	113~319	137~358
46	0.10	55~149	77~183	100~218	125~253	151~289	178~326
	0.05	47~157	68~192	90~228	114~264	139~301	165~339
	0.02	37~167	57~203	78~240	100~278	124~316	149~355
	0.01	33~171	51~209	71~247	91~287	115~325	139~365

续附表 5

n_2	α	n_1					
		4	5	6	7	8	9
		$T_l \sim T_r$	$T_l \sim T_r$	$T_l \sim T_r$	$T_l \sim T_r$	$T_l \sim T_r$	$T_l \sim T_r$
47	0.10	56~152	78~187	102~222	127~258	154~294	181~332
	0.05	48~160	69~196	92~232	116~269	141~307	168~345
	0.02	38~170	58~207	80~244	102~283	126~322	152~361
	0.01	34~174	52~213	72~252	93~292	117~331	142~371
48	0.10	57~155	79~191	104~226	129~263	156~300	184~338
	0.05	48~164	70~200	93~237	118~274	144~312	171~351
	0.02	39~173	59~211	81~249	103~289	128~328	154~368
	0.01	34~178	53~217	73~257	95~297	118~338	144~378
49	0.10	58~158	81~194	106~230	132~267	159~305	187~344
	0.05	49~167	71~204	95~241	120~279	146~318	174~357
	0.02	39~177	60~215	82~254	105~294	130~334	157~374
	0.01	35~181	54~221	74~262	96~303	120~344	146~385
50	0.10	59~161	82~198	107~235	134~272	162~310	190~350
	0.05	50~170	73~207	97~245	122~284	149~323	177~363
	0.02	40~180	61~219	84~258	107~299	132~340	159~381
	0.01	36~184	55~225	76~266	98~308	122~350	148~392

附表 6　Duncan's 新复极差检验 SSR 值表（双尾）

df	α	M（检验极差的平均数个数）													
		2	3	4	5	6	7	8	9	10	12	14	16	18	20
1	0.05	18.00	18.00	18.00	18.00	18.00	18.00	18.00	18.00	18.00	18.00	18.00	18.00	18.00	18.00
	0.01	90.00	90.00	90.00	90.00	90.00	90.00	90.00	90.00	90.00	90.00	90.00	90.00	90.00	90.00
2	0.05	6.09	6.09	6.09	6.09	6.09	6.09	6.09	6.09	6.09	6.09	6.09	6.09	6.09	6.09
	0.01	14.00	14.00	14.00	14.00	14.00	14.00	14.00	14.00	14.00	14.00	14.00	14.00	14.00	14.00
3	0.05	4.50	4.50	4.50	4.50	4.50	4.50	4.50	4.50	4.50	4.50	4.50	4.50	4.50	4.50
	0.01	8.26	8.50	8.60	8.70	8.80	8.90	8.90	9.00	9.00	9.00	9.10	9.20	9.30	9.30
4	0.05	3.93	4.01	4.02	4.02	4.02	4.02	4.02	4.02	4.02	4.02	4.02	4.02	4.02	4.02
	0.01	6.51	6.80	6.90	7.00	7.10	7.10	7.20	7.20	7.30	7.30	7.40	7.40	7.50	7.50

续附表6

| df | α | \multicolumn{14}{c}{M（检验极差的平均数个数）} |||||||||||||
		2	3	4	5	6	7	8	9	10	12	14	16	18	20
5	0.05	3.64	3.74	3.79	3.83	3.83	3.83	3.83	3.83	3.83	3.83	3.83	3.83	3.83	3.83
	0.01	5.70	5.96	6.11	6.18	6.26	6.33	6.40	6.44	6.50	6.60	6.60	6.70	6.70	6.80
6	0.05	3.46	3.58	3.64	3.68	3.68	3.68	3.68	3.68	3.68	3.68	3.68	3.68	3.68	3.68
	0.01	5.24	5.51	5.65	5.73	5.81	5.88	5.95	6.00	6.00	6.10	6.20	6.20	6.30	6.30
7	0.05	3.35	3.47	3.54	3.58	3.60	3.61	3.61	3.61	3.61	3.61	3.61	3.61	3.61	3.61
	0.01	4.95	5.22	5.37	5.45	5.53	5.61	5.69	5.73	5.80	5.80	5.90	5.90	6.00	6.00
8	0.05	3.26	3.39	3.47	3.52	3.55	3.56	3.56	3.56	3.56	3.56	3.56	3.56	3.56	3.56
	0.01	4.74	5.00	5.14	5.23	5.32	5.40	5.47	5.51	5.50	5.60	5.70	5.70	5.80	5.80
9	0.05	3.20	3.34	3.41	3.47	3.50	3.52	3.52	3.52	3.52	3.52	3.52	3.52	3.52	3.52
	0.01	4.60	4.86	4.99	5.08	5.17	5.25	5.32	5.36	5.40	5.50	5.50	5.60	5.70	5.70
10	0.05	3.15	3.30	3.37	3.43	3.46	3.47	3.47	3.47	3.47	3.47	3.47	3.47	3.47	3.48
	0.01	4.48	4.73	4.88	4.96	5.06	5.13	5.20	5.24	5.28	5.36	5.42	5.48	5.54	5.55
11	0.05	3.11	3.27	3.35	3.39	3.43	3.44	3.45	3.46	3.46	3.46	3.46	3.46	3.47	3.48
	0.01	4.39	4.63	4.77	4.86	4.94	5.01	5.06	5.12	5.15	5.24	5.28	5.34	5.38	5.39
12	0.05	3.08	3.23	3.33	3.36	3.40	3.42	3.44	3.44	3.46	3.46	3.46	3.46	3.47	3.48
	0.01	4.32	4.55	4.68	4.76	4.84	4.92	4.96	5.02	5.07	5.13	5.17	5.22	5.24	5.26
13	0.05	3.06	3.21	3.30	3.35	3.38	3.41	3.42	3.44	3.45	3.45	3.46	3.46	3.47	3.47
	0.01	4.26	4.48	4.62	4.69	4.74	4.84	4.88	4.94	4.98	5.04	5.08	5.13	5.14	5.15
14	0.05	3.03	3.18	3.27	3.33	3.37	3.39	3.41	3.42	3.44	3.45	3.46	3.46	3.47	3.47
	0.01	4.21	4.42	4.55	4.63	4.70	4.78	4.83	4.87	4.91	4.96	5.00	5.04	5.06	5.07
15	0.05	3.01	3.16	3.25	3.31	3.36	3.38	3.40	3.42	3.43	3.44	3.45	3.46	3.47	3.47
	0.01	4.17	4.37	4.50	4.58	4.64	4.72	4.77	4.81	4.84	4.90	4.94	4.97	4.99	5.00
16	0.05	3.00	3.15	3.23	3.30	3.34	3.37	3.39	3.41	3.43	3.44	3.45	3.46	3.47	3.47
	0.01	4.13	4.34	4.45	4.54	4.60	4.67	4.72	4.76	4.79	4.84	4.88	4.91	4.93	4.94
17	0.05	2.98	3.13	3.22	3.28	3.33	3.36	3.38	3.40	3.42	3.44	3.45	3.46	3.47	3.47
	0.01	4.10	4.30	4.41	4.50	4.56	4.63	4.68	4.72	4.75	4.80	4.83	4.86	4.88	4.89
18	0.05	2.97	3.12	3.21	3.27	3.32	3.35	3.37	3.39	3.41	3.43	3.45	3.46	3.47	3.47
	0.01	4.07	4.27	4.38	4.46	4.53	4.59	4.64	4.68	4.71	4.76	4.79	4.82	4.84	4.85
19	0.05	2.96	3.11	3.19	3.26	3.31	3.35	3.37	3.39	3.41	3.43	3.44	3.46	3.47	3.47
	0.01	4.05	4.24	4.35	4.43	4.50	4.56	4.61	4.64	4.67	4.72	4.76	4.79	4.81	4.82
20	0.05	2.95	3.10	3.18	3.25	3.30	3.34	3.36	3.38	3.40	3.43	3.44	3.46	3.47	3.47
	0.01	4.02	4.22	4.33	4.40	4.47	4.53	4.58	4.61	4.65	4.69	4.73	4.76	4.78	4.79

df	α	M（检验极差的平均数个数）													
		2	3	4	5	6	7	8	9	10	12	14	16	18	20
22	0.05	2.93	3.08	3.17	3.24	3.29	3.32	3.35	3.37	3.39	3.42	3.44	3.45	3.46	3.47
	0.01	3.99	4.17	4.28	4.36	4.42	4.48	4.53	4.57	4.60	4.65	4.68	4.71	4.74	4.75
24	0.05	2.92	3.07	3.15	3.22	3.28	3.31	3.34	3.37	3.38	3.41	3.44	3.45	3.46	3.47
	0.01	3.96	4.14	4.24	4.33	4.39	4.44	4.49	4.53	4.57	4.62	4.64	4.67	4.70	4.72
26	0.05	2.91	3.06	3.14	3.21	3.27	3.30	3.34	3.36	3.38	3.41	3.43	3.45	3.46	3.47
	0.01	3.93	4.11	4.21	4.30	4.36	4.41	4.46	4.50	4.53	4.58	4.62	4.65	4.67	4.69
28	0.05	2.90	3.04	3.13	3.20	3.26	3.30	3.33	3.35	3.37	3.40	3.43	3.45	3.46	3.47
	0.01	3.91	4.08	4.18	4.28	4.34	4.39	4.43	4.47	4.51	4.56	4.60	4.62	4.65	4.67
30	0.05	2.89	3.04	3.12	3.20	3.25	3.29	3.32	3.35	3.37	3.40	3.43	3.44	3.46	3.47
	0.01	3.89	4.06	4.16	4.22	4.32	4.36	4.41	4.45	4.48	4.54	4.58	4.61	4.63	4.65
40	0.05	2.86	3.01	3.10	3.17	3.22	3.27	3.30	3.33	3.35	3.39	3.42	3.44	3.46	3.47
	0.01	3.82	3.99	4.10	4.17	4.24	4.30	4.34	4.37	4.41	4.46	4.51	4.54	4.57	4.59
60	0.05	2.83	2.98	3.08	3.14	3.20	3.24	3.28	3.31	3.33	3.37	3.40	3.43	3.45	3.47
	0.01	3.76	3.92	4.03	4.12	4.17	4.23	4.27	4.31	4.34	4.39	4.44	4.47	4.50	4.53
100	0.05	2.80	2.95	3.05	3.12	3.18	3.22	3.26	3.29	3.32	3.36	3.40	3.42	3.45	3.47
	0.01	3.71	3.86	3.98	4.06	4.11	4.17	4.22	4.29		4.35	4.38	4.42	4.45	4.48
∞	0.05	2.77	2.92	3.02	3.09	3.15	3.19	3.23	3.26	3.29	3.34	3.38	3.41	3.44	3.47
	0.01	3.64	3.80	3.90	3.98	4.04	4.09	4.14	4.17	4.20	4.26	4.31	4.34	4.38	4.41

附表 7 Kruskal~wallis 小样本 （$k=3$，$n_i \leq 5$）检验统计量 H 临界值表

n_1	n_2	n_3	α			
			0.10	0.05	0.02	0.01
1	2	3	4.286			
1	2	4	4.500			
1	2	5	4.200	5.000		
1	3	3	4.571	5.143		
1	3	4	4.056	5.389		
1	3	5	4.018	4.960	6.400	
1	4	4	4.167	4.967	6.667	
1	4	5	3.987	4.986	6.431	6.954
1	5	5	4.109	5.127	6.146	7.309
2	2	2	4.571			

续附表 7

n_1	n_2	n_3	α			
			0.10	0.05	0.02	0.01
2	2	3	4.500	4.714		
2	2	4	4.500	5.333	6.000	
2	2	5	4.373	5.160	6.000	6.533
2	3	3	4.694	5.361	6.250	
2	3	4	4.511	5.444	6.144	6.444
2	3	5	4.651	5.251	6.294	6.909
2	4	4	4.554	5.454	6.600	7.036
2	4	5	4.541	5.273	6.541	7.204
2	5	5	4.623	5.338	6.469	7.392
3	3	3	5.067	5.689	6.489	7.200
3	3	4	4.709	5.791	6.564	7.000
3	3	5	4.533	5.648	6.533	7.079
3	4	4	4.546	5.598	6.712	7.212
3	4	5	4.549	5.656	6.703	7.477
3	5	5	4.571	5.706	6.866	7.622
4	4	4	4.654	5.692	6.962	7.654
4	4	5	4.668	5.657	6.976	7.760
4	5	5	4.523	5.666	7.000	7.903
5	5	5	4.580	5.780	7.220	8.000

附表 8　$F_{max}(\alpha = 0.05)$ 检验临界值表

df	k										
	2	3	4	5	6	7	8	9	10	11	12
2	39.0	87.5	142	202	266	333	403	475	550	626	704
3	15.4	27.8	39.2	50.7	62.0	72.9	83.5	93.9	104	114	124
4	9.60	15.5	20.6	25.2	29.5	33.6	37.5	41.1	44.6	48.0	51.4
5	7.15	10.8	13.7	16.3	18.7	20.8	22.9	24.7	26.5	28.2	29.9
6	5.82	8.38	10.4	12.1	13.7	15.0	16.3	17.5	18.6	19.7	20.7
7	4.99	6.94	8.44	9.70	10.8	11.8	12.7	13.5	14.3	15.1	15.8
8	4.43	6.00	7.18	8.12	9.03	9.78	10.5	11.1	11.7	12.2	12.7
9	4.03	5.34	6.31	7.11	7.80	8.41	8.95	9.45	9.91	10.3	10.7
10	3.72	4.85	5.67	6.34	6.92	7.42	7.87	8.28	8.66	9.01	9.34

df	k										
	2	3	4	5	6	7	8	9	10	11	12
12	3.28	4.16	7.79	5.30	5.72	6.09	6.42	6.72	7.00	7.25	7.48
15	2.86	3.54	4.01	4.37	4.68	4.95	5.19	5.40	5.59	5.77	5.93
20	2.46	2.95	3.29	3.54	3.76	3.94	4.10	4.24	4.37	4.79	4.59
30	2.07	2.40	2.61	2.78	2.91	3.02	3.12	3.21	3.29	3.36	3.39
60	1.67	1.85	1.96	2.04	2.11	2.17	2.22	2.26	2.30	2.33	2.36
∞	1.00	1.00	1.00	1.00	1.00	1.00	1.00	1.00	1.00	1.00	1.00

附表 9　正交拉丁方表

5×5

I					II					III					IV				
A	B	C	D	E	A	B	C	D	E	A	B	C	D	E	A	B	C	D	E
B	C	D	E	A	C	D	E	A	B	D	E	A	B	C	B	A	E	C	D
C	D	E	A	B	E	A	B	C	D	B	C	D	E	A	C	D	A	E	B
D	E	A	B	C	B	C	D	E	A	E	A	B	C	D	D	E	B	A	C
E	A	B	C	D	D	E	A	B	C	C	D	E	A	B	E	C	D	B	A

7×7

I							II							III						
A	B	C	D	E	F	G	A	B	C	D	E	F	G	A	B	C	D	E	F	G
B	C	D	E	F	G	A	C	D	E	F	G	A	B	D	E	F	G	A	B	C
C	D	E	F	G	A	B	E	F	G	A	B	C	D	G	A	B	C	D	E	F
D	E	F	G	A	B	C	G	A	B	C	D	E	F	C	D	E	F	G	A	B
E	F	G	A	B	C	D	B	C	D	E	F	G	A	F	G	A	B	C	D	E
F	G	A	B	C	D	E	D	E	F	G	A	B	C	B	C	D	E	F	G	A
G	A	B	C	D	E	F	F	G	A	B	C	D	E	E	F	G	A	B	C	D

IV							V							VI						
A	B	C	D	E	F	G	A	B	C	D	E	F	G	A	B	C	D	E	F	G
E	F	G	A	B	C	D	F	G	A	B	C	D	E	G	A	B	C	D	E	F
B	C	D	E	F	G	A	D	E	F	G	A	B	C	F	G	A	B	C	D	E
F	G	A	B	C	D	E	B	C	D	E	F	G	A	E	F	G	A	B	C	D
C	D	E	F	G	A	B	G	A	B	C	D	E	F	D	E	F	G	A	B	C
G	A	B	C	D	E	F	E	F	G	A	B	C	D	C	D	E	F	G	A	B
D	E	F	G	A	B	C	C	D	E	F	G	A	B	B	C	D	E	F	G	A

8×8

I							
A	B	C	D	E	F	G	H
B	A	D	C	F	E	H	G
C	D	A	B	G	H	E	F
D	C	B	A	H	G	F	E
E	F	G	H	A	B	C	D
F	E	H	G	B	A	D	C
G	H	E	F	C	D	A	B
H	G	F	E	D	C	B	A

II							
A	B	C	D	E	F	G	H
E	F	G	H	A	B	C	D
B	A	D	C	F	E	H	G
F	E	H	G	B	A	D	C
G	H	E	F	C	D	A	B
C	D	A	B	G	H	E	F
H	G	F	E	D	C	B	A
D	C	B	A	H	G	F	E

III							
A	B	C	D	E	F	G	H
G	H	E	F	C	D	A	B
E	F	G	H	A	B	C	D
C	D	A	B	G	H	E	F
H	G	F	E	D	C	B	A
B	A	D	C	F	E	H	G
D	C	B	A	H	G	F	E
F	E	H	G	B	A	D	C

IV							
A	B	C	D	E	F	G	H
H	G	F	E	D	C	B	A
G	H	E	F	C	D	A	B
B	A	D	C	F	E	H	G
D	C	B	A	H	G	F	E
E	F	G	H	A	B	C	D
F	E	H	G	B	A	D	C
C	D	A	B	G	H	E	F

V							
A	B	C	D	E	F	G	H
D	C	B	A	H	G	F	E
H	G	F	E	D	C	B	A
E	F	G	H	A	B	C	D
F	E	H	G	B	A	D	C
G	H	E	F	C	D	A	B
C	D	A	B	G	H	E	F
B	A	D	C	F	E	H	G

VI							
A	B	C	D	E	F	G	H
F	E	H	G	B	A	D	C
D	C	B	A	H	G	F	E
G	H	E	F	C	D	A	B
C	D	A	B	G	H	E	F
H	G	F	E	D	C	B	A
B	A	D	C	F	E	H	G
E	F	G	H	A	B	C	D

VII							
A	B	C	D	E	F	G	H
C	D	A	B	G	H	E	F
F	E	H	G	B	A	D	C
H	G	F	E	D	C	B	A
B	A	D	C	F	E	H	G
D	C	B	A	H	G	F	E
E	F	G	H	A	B	C	D
G	H	E	F	C	D	A	B

9×9

I								
A	B	C	D	E	F	G	H	I
B	C	A	E	F	D	H	I	G
C	A	B	F	D	E	I	G	H
D	E	F	G	H	I	A	B	C
E	F	D	H	I	G	B	C	A
F	D	E	I	G	H	C	A	B
G	H	I	A	B	C	D	E	F
H	I	G	B	C	A	E	F	D
I	G	H	C	A	B	F	D	E

II								
A	B	C	D	E	F	G	H	I
G	H	I	A	B	C	D	E	F
D	E	F	G	H	I	A	B	C
B	C	A	E	F	D	H	I	G
H	I	G	B	C	A	E	F	D
E	F	D	H	I	G	B	C	A
C	A	B	F	D	E	I	G	H
I	G	H	C	A	B	F	D	E
F	D	E	I	G	H	C	A	B

III								
A	B	C	D	E	F	G	H	I
I	G	H	C	A	B	F	D	E
E	F	D	H	I	G	B	C	A
F	D	E	I	G	H	C	A	B
B	C	A	E	F	D	H	I	G
G	H	I	A	B	C	D	E	F
H	I	G	B	C	A	E	F	D
D	E	F	G	H	I	A	B	C
C	A	B	F	D	E	I	G	H

IV								
A	B	C	D	E	F	G	H	I
H	I	G	B	C	A	E	F	D
F	D	E	I	G	H	C	A	B
I	G	H	C	A	B	F	D	E
D	E	F	G	H	I	A	B	C
B	C	A	E	F	D	H	I	G
E	F	D	H	I	G	B	C	A
C	A	B	F	D	E	I	G	H
G	H	I	A	B	C	D	E	F

V								
A	B	C	D	E	F	G	H	I
C	A	B	F	D	E	I	G	H
B	C	A	E	F	D	H	I	G
G	H	I	A	B	C	D	E	F
I	G	H	C	A	B	F	D	E
H	I	G	B	C	A	E	F	D
D	E	F	G	H	I	A	B	C
F	D	E	I	G	H	C	A	B
E	F	D	H	I	G	B	C	A

VI								
A	B	C	D	E	F	G	H	I
D	E	F	G	H	I	A	B	C
G	H	I	A	B	C	D	E	F
C	A	B	F	D	E	I	G	H
F	D	E	I	G	H	C	A	B
I	G	H	C	A	B	F	D	E
B	C	A	E	F	D	I	H	G
E	F	D	H	I	G	B	C	A
H	I	G	B	C	A	E	F	D

VII								
A	B	C	D	E	F	G	H	I
E	F	D	I	H	G	B	C	A
I	G	H	X	A	B	F	D	E
H	I	G	B	C	A	E	F	D
C	A	B	F	D	E	I	G	H
D	E	F	G	H	I	A	B	C
F	D	E	I	G	H	C	A	B
G	H	I	A	B	C	D	E	F
B	C	A	E	F	D	H	I	G

VIII								
A	B	C	D	E	F	G	H	I
F	D	E	I	G	H	C	A	B
H	I	G	B	C	A	E	F	D
E	F	D	H	I	G	B	C	A
G	H	I	A	B	C	D	E	F
C	A	V	F	D	E	I	G	H
I	G	H	C	A	B	F	D	E
B	C	A	E	F	D	H	I	G
D	E	F	G	H	I	A	B	C

附表10 常用正交表

$L_4(2^3)$①

试验号	列号		
	1	2	3
1	1	1	1
2	1	2	2
3	2	1	2
4	2	2	1

$L_8(2^7)$

试验号	列号						
	1	2	3	4	5	6	7
1	1	1	1	1	1	1	1
2	1	1	1	2	2	2	2
3	1	2	2	1	1	2	2
4	1	2	2	2	2	1	1
5	2	1	2	1	2	1	2
6	2	1	2	2	1	2	1
7	2	2	1	1	2	2	1
8	2	2	1	2	1	1	2

$L_8(2^7)$ 二列间的交互作用表

列号	1	2	3	4	5	6	7
1	(1)	3	2	5	4	7	6
2		(2)	1	6	7	4	5
3			(3)	7	6	5	4
4				(4)	1	2	3
5					(5)	3	2
6						(6)	1
7							(7)

$$L_{12}(2^{11})$$

试验号	列号										
	1	2	3	4	5	6	7	8	9	10	11
1	1	1	1	1	1	1	1	1	1	1	1
2	1	1	1	1	1	2	2	2	2	2	2
3	1	1	2	2	2	1	1	1	2	2	2
4	1	2	1	2	2	1	2	2	1	1	2
5	1	2	2	1	2	2	1	2	1	2	1
6	1	2	2	2	1	2	2	1	2	1	1
7	2	1	2	2	1	1	2	2	1	2	1
8	2	1	2	1	2	2	2	1	1	1	2
9	2	1	1	2	2	2	1	2	2	1	1
10	2	2	2	1	1	1	1	2	2	1	2
11	2	2	1	2	1	2	1	1	1	2	2
12	2	2	1	1	2	1	2	1	2	2	1

$$L_{16}(2^{15})$$

试验号	列号														
	1	2	3	4	5	6	7	8	9	10	11	12	13	14	15
1	1	1	1	1	1	1	1	1	1	1	1	1	1	1	1
2	1	1	1	1	1	1	1	2	2	2	2	2	2	2	2
3	1	1	1	2	2	2	2	1	1	1	1	2	2	2	2
4	1	1	1	2	2	2	2	2	2	2	2	1	1	1	1
5	1	2	2	1	1	2	2	1	1	2	2	1	1	2	2
6	1	2	2	1	1	2	2	2	2	1	1	2	2	1	1
7	1	2	2	2	2	1	1	1	1	2	2	2	2	1	1
8	1	2	2	2	2	1	1	2	2	1	1	1	1	2	2
9	2	1	2	1	2	1	2	1	2	1	2	1	2	1	2
10	2	1	2	1	2	1	2	2	1	2	1	2	1	2	1
11	2	1	2	2	1	2	1	1	2	1	2	2	1	2	1
12	2	1	2	2	1	2	1	2	1	2	1	1	2	1	2
13	2	2	1	1	2	2	1	1	2	2	1	1	2	2	1
14	2	2	1	1	2	2	1	2	1	1	2	2	1	1	2
15	2	2	1	2	1	1	2	1	2	2	1	2	1	1	2
16	2	2	1	2	1	1	2	2	1	1	2	1	2	2	1

$L_{16}(2^{15})$ 二列间的交互作用表

列号	1	2	3	4	5	6	7	8	9	10	11	12	13	14	15
1	(1)	3	2	5	4	7	6	9	8	11	10	13	12	15	14
2		(2)	1	6	7	4	5	10	11	8	9	14	15	12	13
3			(3)	7	6	5	4	11	10	9	8	15	14	13	12
4				(4)	1	2	3	12	13	14	15	8	9	10	11
5					(5)	3	2	13	12	15	14	9	8	11	10
6						(6)	1	14	15	12	13	10	11	8	9
7							(7)	15	14	13	12	11	10	9	8
8								(8)	1	2	3	4	5	6	7
9									(9)	3	2	5	4	7	6
10										(10)	1	6	7	4	5
11											(11)	7	6	5	4
12												(12)	1	2	3
13													(13)	3	2
14														(14)	1
15															(15)

$L_9(3^4)$②

试验号	列号			
	1	2	3	4
1	1	1	1	1
2	1	2	2	2
3	1	3	3	3
4	2	1	2	3
5	2	2	3	1
6	2	3	1	2
7	3	1	3	2
8	3	2	1	3
9	3	3	2	1

$L_{18}(3^7)$

试验号	列号						
	1	2	3	4	5	6	7
1	1	1	1	1	1	1	1
2	1	2	2	2	2	2	2
3	1	3	3	3	3	3	3
4	2	1	1	2	2	3	3
5	2	2	2	3	3	1	1
6	2	3	3	1	1	2	2
7	3	1	2	1	3	2	3
8	3	2	3	2	1	3	1
9	3	3	1	3	2	1	2
10	1	1	3	3	2	2	1
11	1	2	1	1	3	3	2
12	1	3	2	2	1	1	3
13	2	1	2	3	1	3	2
14	2	2	3	1	2	1	3
15	2	3	1	2	3	2	1
16	3	1	3	2	3	1	2
17	3	2	1	3	1	2	3
18	3	3	2	1	2	3	1

$L_{27}(3^{13})$

试验号	列号												
	1	2	3	4	5	6	7	8	9	10	11	12	13
1	1	1	1	1	1	1	1	1	1	1	1	1	1
2	1	1	1	1	2	2	2	2	2	2	2	2	2
3	1	1	1	1	3	3	3	3	3	3	3	3	3
4	1	2	2	2	1	1	1	2	2	2	3	3	3
5	1	2	2	2	2	2	2	3	3	3	1	1	1
6	1	2	2	2	3	3	3	1	1	1	2	2	2
7	1	3	3	3	1	1	1	3	3	3	2	2	2
8	1	3	3	3	2	2	2	1	1	1	3	3	3

试验号	列号												
	1	2	3	4	5	6	7	8	9	10	11	12	13
9	1	3	3	3	3	3	3	2	2	2	1	1	1
10	2	1	2	3	1	2	3	1	2	3	1	2	3
11	2	1	2	3	2	3	1	2	3	1	2	3	1
12	2	1	2	3	3	1	2	3	1	2	3	1	2
13	2	2	3	1	1	2	3	2	3	1	3	1	2
14	2	2	3	1	2	3	1	3	1	2	1	2	3
15	2	2	3	1	3	1	2	1	2	3	2	3	1
16	2	3	1	2	1	2	3	3	1	2	2	3	1
17	2	3	1	2	2	3	1	1	2	3	3	1	2
18	2	3	1	2	3	1	2	2	3	1	1	2	3
19	3	1	3	2	1	3	2	1	3	2	1	3	2
20	3	1	3	2	2	1	3	2	1	3	2	1	3
21	3	1	3	2	3	2	1	3	2	1	3	2	1
22	3	2	1	3	1	3	2	2	1	3	3	2	1
23	3	2	1	3	2	1	3	3	2	1	1	3	2
24	3	2	1	3	3	2	1	1	3	2	2	1	3
25	3	3	2	1	1	3	2	3	2	1	2	1	3
26	3	3	2	1	2	1	3	1	3	2	3	2	1
27	3	3	2	1	3	2	1	2	1	3	1	3	2

$L_{27}(3^{13})$ 二列间的交互作用表

列号	1	2	3	4	5	6	7	8	9	10	11	12	13
1	(1)	3	2	2	6	5	5	9	8	8	12	11	11
		4	4	3	7	7	6	10	10	9	13	13	12
2		(2)	1	1	8	9	10	5	6	7	5	6	7
			4	3	11	12	13	11	12	13	8	9	10
3			(3)	1	9	10	8	7	5	6	6	7	5
				2	13	11	12	12	13	11	10	8	9
4				(4)	10	8	9	6	7	5	7	5	6
					12	13	11	13	11	12	9	10	8
5					(5)	1	1	2	3	4	2	4	3
						7	6	11	13	12	8	10	9

列号	1	2	3	4	5	6	7	8	9	10	11	12	13
6						(6)	1	4	2	3	3	2	4
							5	13	12	11	10	9	8
7							(7)	3	4	2	4	3	2
								12	11	13	9	8	10
8								(8)	1	1	2	3	4
									10	9	5	7	6
9									(9)	1	4	2	3
										8	7	6	5
10										(10)	3	4	2
											6	5	7
11											(11)	1	1
												13	12
12												(12)	1
													11

$$L_{16}(4^5)③$$

试验号	列号				
	1	2	3	4	5
1	1	1	1	1	1
2	1	2	2	2	2
3	1	3	3	3	3
4	1	4	4	4	4
5	2	1	2	3	4
6	2	2	1	4	3
7	2	3	4	1	2
8	2	4	3	2	1
9	3	1	3	4	2
10	3	2	4	3	1
11	3	3	1	2	4
12	3	4	2	1	3
13	4	1	4	2	3
14	4	2	3	1	4
15	4	3	2	4	1
16	4	4	1	3	2

$$L_{25}(5^6)$$④

试验号	列号					
	1	2	3	4	5	6
1	1	1	1	1	1	1
2	1	2	2	2	2	2
3	1	3	3	3	3	3
4	1	4	4	4	4	4
5	1	5	5	5	5	5
6	2	1	2	3	4	5
7	2	2	3	4	5	1
8	2	3	4	5	1	2
9	2	4	5	1	2	3
10	2	5	1	2	3	4
11	3	1	3	5	2	4
12	3	2	4	1	3	5
13	3	3	5	2	4	1
14	3	4	1	3	5	2
15	3	5	2	4	1	3
16	4	1	4	2	5	3
17	4	2	5	3	1	4
18	4	3	1	4	2	5
19	4	4	2	5	3	1
20	4	5	3	1	4	2
21	5	1	5	4	3	2
22	5	2	1	5	4	3
23	5	3	2	1	5	4
24	5	4	3	2	1	5
25	5	5	4	3	2	1

$L_8(4^1 \times 2^4)$

试验号	列号				
	1	2	3	4	5
1	1	1	1	1	1
2	1	2	2	2	2
3	2	1	1	2	2
4	2	2	2	1	1
5	3	1	2	1	2
6	3	2	1	2	1
7	4	1	2	2	1
8	4	2	1	1	2

$L_{12}(3^1 \times 2^4)$

试验号	列号				
	1	2	3	4	5
1	1	1	1	1	1
2	1	1	1	2	2
3	1	2	2	1	2
4	1	2	2	2	1
5	2	1	2	1	1
6	2	1	2	2	2
7	2	2	1	1	1
8	2	2	1	2	2
9	3	1	2	1	2
10	3	1	1	2	1
11	3	2	1	1	2
12	3	2	2	2	1

$L_{12}(6^1 \times 2^2)$

试验号	列号		
	1	2	3
1	2	1	1
2	5	1	2
3	5	2	1

试验号	列号		
	1	2	3
4	2	2	2
5	4	1	1
6	1	1	2
7	1	2	1
8	4	2	2
9	3	1	1
10	6	1	2
11	6	2	1
12	3	2	2

$$L_{16}(4^1 \times 2^{12})$$

试验号	列号												
	1	2	3	4	5	6	7	8	9	10	11	12	13
1	1	1	1	1	1	1	1	1	1	1	1	1	1
2	1	1	1	1	1	2	2	2	2	2	2	2	2
3	1	2	2	2	2	1	1	1	1	2	2	2	2
4	1	2	2	2	2	2	2	2	2	1	1	1	1
5	2	1	1	2	2	1	1	2	2	1	1	2	2
6	2	1	1	2	2	2	2	1	1	2	2	1	1
7	2	2	2	1	1	1	1	2	2	2	2	1	1
8	2	2	2	1	1	2	2	1	1	1	1	2	2
9	3	1	2	1	2	1	2	1	2	1	2	1	2
10	3	1	2	1	2	2	1	2	1	2	1	2	1
11	3	2	1	2	1	1	2	1	2	2	1	2	1
12	3	2	1	2	1	2	1	2	1	1	2	1	2
13	4	1	2	2	1	1	2	2	1	1	2	2	1
14	4	1	2	2	1	2	1	1	2	2	1	1	2
15	4	2	1	1	2	1	2	2	1	2	1	1	2
16	4	2	1	1	2	2	1	1	2	1	2	2	1

$L_{16}(4^2 \times 2^9)$

试验号	列号										
	1	2	3	4	5	6	7	8	9	10	11
1	1	1	1	1	1	1	1	1	1	1	1
2	1	2	1	1	1	2	2	2	2	2	2
3	1	3	2	2	2	1	1	1	2	2	2
4	1	4	2	2	2	2	2	2	1	1	1
5	2	1	1	2	2	1	2	2	1	2	2
6	2	2	1	2	2	2	1	1	2	1	1
7	2	3	2	1	1	1	2	2	1	1	1
8	2	4	2	1	1	2	1	1	1	2	2
9	3	1	2	1	2	2	1	2	2	1	2
10	3	2	2	1	2	1	2	1	1	2	1
11	3	3	1	2	1	2	1	2	1	2	1
12	3	4	1	2	1	1	2	1	2	1	2
13	4	1	2	2	1	2	2	1	2	2	1
14	4	2	2	2	1	1	1	2	1	1	2
15	4	3	1	1	2	2	2	1	1	1	2
16	4	4	1	1	2	1	1	2	2	2	1

$L_{16}(4^3 \times 2^6)$

试验号	列号								
	1	2	3	4	5	6	7	8	9
1	1	1	1	1	1	1	1	1	1
2	1	2	2	1	1	2	2	2	2
3	1	3	3	2	2	1	1	1	2
4	1	4	4	2	2	2	2	2	1
5	2	1	2	2	2	1	2	2	1
6	2	2	1	2	2	2	1	1	2
7	2	3	4	1	1	1	2	2	2
8	2	4	3	1	1	2	1	1	1

续附表 10

试验号	列号								
	1	2	3	4	5	6	7	8	9
9	3	1	3	1	2	2	2	2	2
10	3	2	4	1	2	1	1	1	1
11	3	3	1	2	1	2	2	2	1
12	3	4	2	2	1	1	1	1	2
13	4	1	4	2	1	2	1	1	2
14	4	2	3	2	1	1	2	2	1
15	4	3	2	1	2	2	1	1	1
16	4	4	1	1	2	1	2	2	2

$$L_{16}(4^4 \times 2^3)$$

试验号	列号						
	1	2	3	4	5	6	7
1	1	1	1	1	1	1	1
2	1	2	2	2	1	2	2
3	1	3	3	3	2	1	2
4	1	4	4	4	2	2	1
5	2	1	2	3	2	2	1
6	2	2	1	4	2	1	2
7	2	3	4	1	1	2	2
8	2	4	3	2	1	1	1
9	3	1	3	4	1	2	2
10	3	2	4	3	1	1	1
11	3	3	1	2	2	2	1
12	3	4	2	1	2	1	2
13	4	1	4	2	2	1	2
14	4	2	3	1	2	2	1
15	4	3	2	4	1	1	1
16	4	4	1	3	1	2	2

$L_{16}(8^1 \times 2^8)$

试验号	列号								
	1	2	3	4	5	6	7	8	9
1	1	1	1	1	1	1	1	1	1
2	1	1	1	1	2	2	2	2	2
3	2	2	2	2	1	1	1	1	2
4	2	2	2	2	2	2	2	2	1
5	3	1	2	2	1	1	2	2	1
6	3	1	2	2	2	2	1	1	2
7	4	2	1	1	1	1	2	2	2
8	4	2	1	1	2	2	1	1	1
9	5	2	1	2	1	2	1	2	1
10	5	2	1	2	2	1	2	1	2
11	6	1	2	1	1	2	1	2	2
12	6	1	2	1	2	1	2	1	1
13	7	2	2	1	1	2	2	1	1
14	7	2	2	1	2	1	1	2	2
15	8	1	1	2	1	2	2	1	2
16	8	1	1	2	2	1	1	2	1

$L_{18}(2^1 \times 3^7)$

试验号	列号							
	1	2	3	4	5	6	7	8
1	1	1	1	1	1	1	1	1
2	1	1	2	2	2	2	2	2
3	1	1	3	3	3	3	3	3
4	1	2	1	1	2	2	3	3
5	1	2	2	2	3	3	1	1
6	1	2	3	3	1	1	2	2
7	1	3	1	2	1	3	2	3
8	1	3	2	3	2	1	3	1
9	1	3	3	1	3	2	1	2
10	2	1	1	3	3	2	2	1
11	2	1	2	1	1	3	3	2
12	2	1	3	2	2	1	1	3
13	2	2	1	2	3	1	3	2

试验号	列号							
	1	2	3	4	5	6	7	8
14	2	2	2	3	1	2	1	3
15	2	2	3	1	2	3	2	1
16	2	3	1	3	2	3	1	2
17	2	3	2	1	3	1	2	3
18	2	3	3	2	1	2	3	1

$$L_{24}(3^1 \times 4^1 \times 2^4)$$

试验号	列号					
	1	2	3	4	5	6
1	1	1	1	1	1	1
2	1	2	1	1	2	2
3	1	3	2	1	2	1
4	1	4	2	1	1	2
5	1	1	2	2	2	2
6	1	2	2	2	1	1
7	1	3	1	2	1	2
8	1	4	1	2	2	1
9	2	1	1	1	1	2
10	2	2	1	1	2	1
11	2	3	2	1	2	2
12	2	4	2	1	1	1
13	2	1	2	2	2	1
14	2	2	2	2	1	2
15	2	3	1	2	1	1
16	2	4	1	2	2	2
17	3	1	1	1	1	2
18	3	2	1	1	2	1
19	3	3	2	1	2	2
20	3	4	2	1	1	1
21	3	1	2	2	2	1
22	3	2	2	2	1	2
23	3	3	1	2	1	1
24	3	4	1	2	2	2

$$L_{27}(9^1 \times 3^9)$$

试验号	列号									
	1	2	3	4	5	6	7	8	9	10
1	1	1	1	1	1	1	1	1	1	1
2	1	2	2	2	2	2	2	2	2	2
3	1	3	3	3	3	3	3	3	3	3
4	2	1	1	1	2	2	2	3	3	3
5	2	2	2	2	3	3	3	1	1	1
6	2	3	3	3	1	1	1	2	2	2
7	3	1	1	1	3	3	3	2	2	2
8	3	2	2	2	1	1	1	3	3	3
9	3	3	3	3	2	2	2	1	1	1
10	4	1	2	3	1	3	3	1	2	3
11	4	2	3	1	2	1	1	2	3	1
12	4	3	1	2	3	2	2	3	1	2
13	5	1	2	3	2	1	1	3	1	2
14	5	2	3	1	3	2	2	1	2	3
15	5	3	1	2	1	3	3	2	3	1
16	6	1	2	3	3	2	2	2	3	1
17	6	2	3	1	1	3	3	3	1	2
18	6	3	1	2	2	1	1	1	2	3
19	7	1	3	2	1	2	2	1	3	2
20	7	2	1	3	2	3	3	2	1	3
21	7	3	2	1	3	1	1	3	2	1
22	8	1	3	2	2	3	3	3	2	1
23	8	2	1	3	3	1	1	1	3	2
24	8	3	2	1	1	2	2	2	1	3
25	9	1	3	2	3	1	1	2	1	3
26	9	2	1	3	1	2	2	3	2	1
27	9	3	2	1	2	3	3	1	3	2

①任意二列的交互作用出现在另一列。

②任意二列的交互作用出现在另二列。

③任意二列的交互作用出现在另外三列。

④任意二列的交互作用出现在另外四列。

附录 2　相关函数及用法

ABS

ABS(number)：计算参数的绝对值。

Number：需要计算其绝对值的实数。

AND

AND(logical1,logical2,…)：满足参数所有条件值时，返回 True；只要一个条件值不满足，返回 False。

Logical1,logical2,…：条件值。

AVERAGE

AVERAGE(number1,number2,…)：计算参数的算术平均数。计算时自动忽略包含文本、逻辑值或空白单元格。

Number1,number2,…：需要计算算术平均值的数据单元格或区域。

AVERAGEIF

AVERAGEIF(range,criteria,[average_range])：计算某个区域内满足给定条件的所有单元格的平均值。计算时自动忽略包含文本、逻辑值或空白单元格。

Range：计算平均值的单元格或区域，其中包含数字或包含数字的名称、数组或引用；

Criteria：计算平均值的条件，形式为数字、表达式、单元格引用或文本，如32、"32"、">32"、"苹果"或 B4；

Average_range：计算平均值的实际单元格或区域，可选；如果省略，则使用range。

BINOM. DIST

BINOM. DIST(number_s,trials,probability_s,cumulative)：计算二项分布的概率或累积概率（注：Excel 2007 及以前的版本用 BINOMDIST(number_s，trials，probability_s，cumulative)，在 Excel 2007 之后的版本也可用）。

Number_s：试验时某事件发生的次数 x；

Trials：试验的总次数 n；

Probability_s：已知总体的概率 p_0；

Cumulative：为 TRUE 时，计算累积概率，即 0 至 number_s 次的概率之和，

为 FALSE 时，计算概率，即第 number_s 次的概率。

CHISQ. DIST

CHISQ. DIST(x , deg_freedom , cumulative)：计算卡方值 χ^2 的左尾概率（注：Excel 2007 及以前的版本用 1 ~ CHIDIST（x，deg_freedom）计算左尾概率，在 Excel 2007 之后的版本也可用）。

X：卡方值；

Deg_freedom：自由度 df；

Cumulative：为 TRUE 时返回累积分布函数，为 FALSE 时返回概率密度函数。

CHISQ. DIST. RT

CHISQ. DIST. RT(x , deg_freedom)：计算卡方值 χ^2 的右尾概率（注：Excel 2007 及以前的版本用 CHIDIST(x，deg_freedom) 计算右尾概率，在 Excel 2007 之后的版本也可用）。

X：卡方值；

Deg_freedom：自由度 df。

CHISQ. INV

CHISQ. INV(probability , deg_freedom)：计算 χ^2 左尾临界值（注：Excel 2007 及以前的版本用 CHIINV（1 ~ probability，deg_freedom）计算，即 $\chi^2_{1-\alpha(df)}$ 或 $\chi^2_{1-\alpha/2(df)}$，在 Excel 2007 之后的版本也可用）。

Probability：概率或显著水平 α，常取 0.025 或 0.005（双尾检验），0.05 或 0.01（单尾检验）；

Deg_freedom：自由度 df。

CHISQ. INV. RT

CHISQ. INV. RT(probability , deg_freedom)：计算 χ^2 右尾临界值（注：Excel 2007 及以前的版本用 CHIINV(probability，deg_freedom) 计算，即 $\chi^2_{\alpha(df)}$ 或 $\chi^2_{\alpha/2(df)}$，在 Excel 2007 之后的版本也可用）。

Probability 为概率或显著水平 α，常取 0.025（双尾检验）或 0.05（单尾检验）；

Deg_freedom 为自由度。

CHISQ. TEST

CHISQ. TEST(actual_range , expected_range)：计算 $df > 1$ 时 χ^2 检验的概率

（注：Excel 2007 及以前的版本用 CHITEST（actual_range，expected_range），在 Excel 2007 之后的版本也可用）。

Actual_range：观察次数的数据区域；

Expected_range：理论次数的数据区域。

COUNTIF

COUNTIF（range,criteria）：计算数据区域中满足既定条件的个数。

Range：存在数据的单元格区域；

Criteria：计数条件，形式为数字、表达式或文本，如 32、"32"、">32" 或 "apples"。

COVARIANCE. P

COVARIANCE. P（array1,array2）：计算两组数据总体协方差的平均数，它乘以 n 即为乘积和 SP（注：Excel 2007 及以前的版本用 COVAR（array1，array2），在 Excel 2007 之后的版本也可用）。

Array1：第 1 组数据单元格区域；

Array2：第 2 组数据单元格区域。

DCOUNT

DCOUNT（database,field,criteria）：计算列表或数据库中满足指定条件且包含数字的单元格个数。

Database：构成列表或数据库的单元格区域，每列存放不同类型的数据，第一行为每列数据的标签。

Field：为指定函数所使用的列；输入两端带双引号的列标签，如 "使用年数" 或 "产量"；或是代表列表中列位置的数字（不带引号），如 1 表示第一列，2 表示第二列，依此类推。

Criteria：包含所指定条件的单元格区域。

DEVSQ

DEVSQ（number1,number2,…）：计算数据点与各自样本平均值偏差的平方和，即 SS。

Number1,number2,…：需要计算平方和的数据单元格或区域。

DSUM

DSUM（database,field,criteria）：计算列表或数据库中满足指定条件的数字之和。

    Database：构成列表或数据库的单元格区域，每列存放不同类型的数据，第一行为每列数据的标签。

    Field：为指定函数所使用的列；输入两端带双引号的列标签，如"使用年数"或"产量"；或是代表列表中列位置的数字（不带引号），如 1 表示第一列，2 表示第二列，依此类推。

    Criteria：包含所指定条件的单元格区域。

Exp

    Exp(number)：计算 e 的 n 次幂，常数 e = 2.71828182845904 是自然对数的底数。

    Number：底数 e 的指数 n。

F. TEST

    F. TEST(array1,array2)：计算两个小样本方差齐性检验的双尾概率，其 1/2 则为单尾概率（注：Excel 2007 及以前的版本用 FTEST(array1，array2)，在 Excel 2007 之后的版本也可用）。

    Array1：第 1 组数据单元格区域；

    Array2：第 2 组数据单元格区域。

FORECAST

    FORECAST(x,known_y's,known_x's)：根据已知自变量和因变量拟合的一元线性回归方程，预测或计算给定自变量 x 值所对应的因变量 y 值。

    X：需要预测的自变量 x 值；

    Known_y's：已知因变量 y 的数据区域；

    Known_x's：已知自变量 x 的数据区域。

FREQUENCY

    FREQUENCY(data_array,bins_array)：计算数据区域中各数值出现的次数。

    Data_array：数据区域；

    Bins_array：为间隔数组区域，用来对数据进行分组。

GEOMEAN

    GEOMEAN(number1,number2,…)：计算参数的几何平均数。

    Number1,number2,…：需要计算几何平均数的数据单元格或区域。

HLOOKUP

HLOOKUP（lookup_value，table_array，row_index_num，[range_lookup]）：在表格或数组的首行查找指定的值，然后返回表格或数组中指定行处的值。

Lookup_value：在第一行中要查找的值，可以是数字、文本、逻辑值、名称或对值的引用；

Table_array：在其中查找数据的数据表；

Row_index_num：在数据表中将返回的匹配值的行号；

Range_lookup：True 或省略返回近似匹配值，如查不到精确匹配值，返回小于 lookup_value 的最大值；False 返回精确匹配值，如果查不到，返回错误值"#N/A！"。

HYPGEOM. DIST

HYPGEOM. DIST（sample_s，number_sample，population_s，number_pop，cumulative）：计算超几何分布的概率，见 3.2.1 节（注：Excel 2007 及以前的版本用 HYPGEOMDIST（sample_s，number_sample，population_s，number_pop），在 Excel 2007 之后的版本也可用）。

Sample_s：样本中成功的次数，即四格表中 O_{11} 格内的数值；

Number_sample：样本容量，即 $a+b$；

Population_s：总体中成功的次数，即 $a+c$；

Number_pop：总体容量，即 $a+b+c+d$ 或 n_1+n_2；

Cumulative：TRUE，返回累积分布函数；FALSE，返回概率密度函数。

IF

IF（logical_test，[value_if_true]，[value_if_false]）：根据逻辑值结果，执行不同的操作。

Logical_test：计算逻辑值的任意值或表达值，结果为 True 或 False；

Value_if_true：逻辑值为 True 的操作；

Value_if_false：逻辑值为 False 的操作。

INDEX

INDEX（array，row_num，[column_num]）：引用表格或数组中指定行列交叉处的单元格中的值。

Array：存放表格或数值的区域；

Row_num：在 array 中指定的行号；

Column_num：在 array 中指定的列号，可选。

INTERCEPT

INTERCEPT(known_y's,known_x's)：根据已知的自变量和因变量，计算一元线性回归方程的截距。

Known_y's：已知因变量 y 的数据区域；

Known_x's：已知自变量 x 的数据区域。

ISEVEN

ISEVEN(number)：判断数值的奇偶性，若为偶数，返回 TRUE，否则返回 FALSE。

Number：整数（包括零），如果不是整数，则截去小数点后的部分，取整数。

LARGE

LARGE(array,k)：返回数据区域中第 k 个最大值。

Array：数组或数据区域；

K：第几个（从大到小排）。

在实际应用中，LARGE(array，1) 为数据区域中的最大值，x_n；LARGE(array，2) 为第 2 大值，x_{n-1}；LARGE(array，3) 是数据中的第 3 大值，x_{n-2}；以此类推。

LN

LN(number)：计算以 $e = 2.71828182845904$ 为底的给定数值的自然对数。

Number：计算其自然对数的正实数。

LOG10

LOG10(number)：计算以 10 为底的给定数值的对数。

Number：计算其以 10 为底的对数的正实数。

LOOKUP

LOOKUP(lookup_value,lookup_vector,[result_vector])：在单行区域或单列区域（称为"向量"）中查找值，然后返回第二个单行区域或单列区域中相同位置的值。

Lookup_value：在第一个向量中要查找的值，可以是数字、文本、逻辑值、名称或对值的引用；

　　Lookup_vector：第一个包含一行或一列的区域；

　　Result_vector：第二个包括一行或一列的区域，可选。

MAX

　　MAX(number1,number2,…)：返回数据区域中的最大值。

　　Number1,number2,…：数据集、数据单元格或区域。

MEDIAN

　　MEDIAN(number1,number2,…)：返回数据区域中的中位数。

　　Number1,number2,…：数据集、数据单元格或区域。

MIN

　　MIN(number1,number2,…)：返回数据区域中的最小值。

　　Number1,number2,…：数据集、数据单元格或区域。

MODE. SNGL

　　MODE. SNGL(number1,[number2],…)：返回数据区域中出现频率最多的数值，即众数。

　　Number1,number2,…：数据集、数据单元格或区域。

NORM. S. DIST

　　NORM. S. DIST(z,cumulative)：计算标准正态分布的概率或累积概率（注：Excel 2007 及以前的版本用 NORMSDIST(Z)，在 Excel 2007 之后的版本也可用）。

　　Z：计算的 u 值；

　　Cumulative：TRUE，返回左尾累积分布函数；FALSE，则返回概率密度函数。

　　在实际应用中，单尾概率 $p = 1 \sim$ NORM. S. DIST(z, true)，双尾概率 $p = 2 *$ (1 ~ NORM. S. DIST(z, true))。

NORM. S. INV

　　NORM. S. INV(probability)：计算标准正态分布的左尾 u 临界值（注：Excel 2007 及以前的版本用 NORMSINV(probability)，在 Excel 2007 之后的版本也可用）。

　　Probability：概率或显著水平，常取 0.05 和 0.01。

在实际应用中，单尾 u 临界值为 NORM. S. INV(1~0. 05) 或 NORM. S. INV (1~0. 01) ；双尾 u 临界值为 NORM. S. INV(1~0. 05/2) 或 NORM. S. INV(1~ 0. 01/2) 。

OFFSET

OFFSET(reference, rows, cols, [height] , [width]) ：引用偏移基准单元格或区域中指定行数和列数的目标单元格或区域。

Reference：基准单元格或区域；

Rows：行数，正数表示引用 reference 下方第几行，负数表示引用 reference 上方第几行；

Cols：列数，正数表示引用 reference 右方第几列，负数表示引用 reference 左方第几列；

Height：返回引用目标单元格或区域的行高，可选；

Width：返回引用目标单元格或区域的列宽，可选。

Or

Or(logical1, logical2, …) ：满足其中 1 个条件值返回 Ture，均不满足条件值时返回 False。

Logical1 , logical2 , …：条件值。

POISSON. DIST

POISSON. DIST(x, mean, cumulative) ：计算泊松分布的概率或累积概率（注：Excel 2007 及以前的版本用 POISSON(x, mean, cumulative)，在 Excel 2007 之后的版本也可用）。

X：事件发生的次数；

Mean：期望值 λ，$\lambda = np_0$；

Cumulative：TRUE，计算累积概率，即 $0~x$ 次的概率之和；为 FALSE，计算概率，即第 x 的概率。

POWER

POWER(number, power) ：计算给定数字的乘幂。

Number：为基数，可以为任意实数。

Power：指数。

RAND

RAND( ) ：返回大于等于 0 且小于 1 的均匀分布随机实数。

RANK. EQ

RANK. EQ(number,ref,[order])：返回数据区域中，每一数值的排位或排名（注：Excel 2007 及以前的版本用 RANK(number, ref, [order])，在 Excel 2007 之后的版本也可用）。

Number：需要排位的数值；

Ref：数据区域，非数字值会被忽略。

Order：0，排位按降序进行；1，排位按升序进行。

在实际应用中，该函数赋予重复数相同的排位，但重复数的存在将影响后续数值的排位。例如，有一组数 4.3、5.1、5.1、6.2、6.2、7.1，正常排位应为 1、2、3、4、5、6，但使用该函数排位为 1、2、2、4、4、6。

如在正常排位的基础上，希望重复数具有相同的排位（重复数排位的平均数），即 1、2.5、2.5、4.5、4.5、6，则需要计算排位修正系数。

排位修正系数 = [COUNT(ref) + 1 − RANK. EQ(number,ref,0) − RANK. EQ(number,ref,1)]/2。

排位 = RANK. EQ(number,ref,1) + 排位修正系数 = [COUNT(ref) + 1 − RANK. EQ(number,ref,0) + RANK. EQ(number,ref,1)]/2，就能实现此目的，可用于非参数检验中计算秩次。

RIGHT

RIGHT(text,[num_chars])：返回文本字符串中最后一个或多个字符（从右向左）。

Text：指定的字符串；

Num_chars：要提取的字符数。

SLOPE

SLOPE(known_y's,known_x's)：计算已知自变量和因变量的一元线性回归方程的斜率。

Known_y's：已知因变量 y 的数据区域；

Known_x's：已知自变量 x 的数据区域。

SMALL

SMALL(array,k)：返回数据区域中第 k 个最小值。

Array：数组或数据区域；

K：第几（从小到大）。

在实际应用中，SMALL(array, 1) 为数据中的最小值，x_1；SMALL(array, 2) 为数据中的第 2 小值，x_2；SMALL(array, 3) 为数据中的第 3 小值，x_3；以此类推。

SQRT

SQRT(number)：计算某数值的平方根。

Number：需要计算其平方根的正实数。

STDEV. S

STDEV. S(number1,number2,…)，计算数据的样本标准差，计算时自动忽略包含文本、逻辑值或空白单元格（注：Excel2007 及早期版本用 STDEV (number1，number2，…)，Excel2013 也兼容此函数）。

Number1,number2,…：数据或数据区域。

SUM

SUM(number1,number2,…)，计算数据区域所有数值之和。

Number1,number2,…：数据区域（可以不连续，但用逗号隔开）或键入公式中的数字。

SUMIF

SUMIF(range,criteria,[sum_range])：用于统计满足某个条件的值求和。

Range：根据条件进行计算的单元格或区域；

Criteria：条件。

Sum_range：可选，求和的实际单元格；如果省略 sum_range，则在 range 指定的单元格求和。

SUMPRODUCT

SUMPRODUCT(array1,array2,array3,…)：将若干个数组间对应的元素相乘并求和。

Array1，array2，array3，…：为 2 到 30 个数组。

T. DIST. 2T

T. DIST. 2T(x,deg_freedom)：计算 t 分布的双尾概率。

X：t 值；

Deg_freedom：自由度 df。

T. DIST. RT

T. DIST. RT(x, deg_freedom)：计算 t 分布的单尾概率（右尾）（注：Excel 2007 及以前的版本用 TDIST(x，deg_freedom，tails)，tails = 1 单尾概率，tails = 2 双尾概率，在 Excel 2007 之后的版本也可用）。

X：t 值；

Deg_freedom：自由度 df。

T. INV. 2T

T. INV. 2T(probability, deg_freedom)：计算 t 分布的双尾临界值 $t_{a(df)}$（注：Excel 2007 及以前的版本用 TINV(probability，deg_freedom) 查双尾临界值 $t_{a(df)}$，在 Excel 2007 之后的版本也可用）。

Probability：概率或显著水平 α，常取 0.05 或 0.01；

Deg_freedom：自由度 df。

在使用应用中，若计算 t 分布的单尾临界值 $t_{a(df)}$，则用 T. INV. 2T(2 * probability，deg_freedom)（注：Excel 2007 及以前的版本用 TINV(2 * probability，deg_freedom) 查单尾临界值 $t_{a(df)}$，在 Excel 2007 之后的版本也可用）。

T. TEST

T. TEST(array1, array2, tails, type)：计算二个样本平均数假设检验的概率（注：Excel 2007 及以前的版本用 TTEST(array1，array2，tails，type)，在 Excel 2007 之后的版本也可用）。

Array1：样本 1 的数据区域；

Array2：样本 2 的数据区域；

Tails：1 为单尾检验，2 为双尾检验；

Type：1 为配对数据的二个样本平均数假设检验，2 为成组数据的双样本等方差假设，3 为成组数据的双样本异方差假设。

VAR. S

VAR. S(number1, number2, …)：计算数据的样本方差（注：Excel2007 及早期版本用 VAR(number1，number2，…)，Excel2013 也兼容此函数）。

Number1, number2, …：数据或数据区域。

Z. TEST

Z. TEST(array, x, [sigma])：计算 u 检验的右尾概率（注：Excel 2007 及以前

的版本用 ZTEST(array，x，[sigma]) 计算右尾概率，在 Excel 2007 之后的版本也可用)。

　　Array：检验的数组或数据区域；

　　X：已知总体的平均数；

　　Sigma：已知总体标准差，如省略则使用样本标准差。

参 考 文 献

［1］ Shapiro SS，Wilk MB. An analysis of variance test for normality（complete samples）　［J］. Biometrika，1965.

［2］ 伯纳德·罗斯纳. 生物统计学基础［M］. 5版. 孙尚拱，译. 北京：科学出版社，2005.

［3］ 陈浩. Excel 函数与图表分析范例应用［M］. 北京：中国青年出版社，2004.

［4］ 程琮，范华. Levene 方差齐性检验［J］. 北京：中国卫生统计，2005，22（6）：408，420.

［5］ 方开泰，马长兴. 正交与均匀设计试验［M］. 北京：科学出版社，2001.

［6］ 龚江，石培春，李春燕. 巧用 excel 解决多元非线性分析［J］. 北京：农业网络信息，2011，1：46~48.

［7］ 李春喜，邵云，姜丽娜. 生物统计学［M］. 4版. 北京：科学出版社，2008.

［8］ 李松岗，曲红. 实用生物统计［M］. 2版. 北京：北京大学出版社，2007.

［9］ 李志西，杜双奎. 试验优化设计与统计分析［M］. 北京：科学出版社，2010.

［10］ 刘来福，程书肖，李仲来. 生物统计［M］. 2版. 北京：北京师范大学出版社，2007.

［11］ 陆建身，赖麟. 生物统计学［M］. 北京：高等教育出版社，2003.

［12］ 马怀良，王磊，柴军红. 生物统计学简明教程［M］. 哈尔滨：黑龙江朝鲜民族出版社，2012.

［13］ 马育华. 田间试验和统计方法［M］. 2版. 北京：中国农业出版社，1987.

［14］ 明道绪. 生物统计附试验设计［M］. 4版. 北京：中国农业出版社，2010.

［15］ 明道绪. 生物统计附试验设计［M］. 3版. 北京：中国农业出版社，2002.

［16］ 唐启义，冯明光. DPS 数据处理系统［M］. 北京：科学出版社，2006.

［17］ 杨世莹. Excel 数据统计与分析范例应用［M］. 北京：中国青年出版社，2005.

［18］ 全国统计方法应用标准化技术委员会. 数据的统计处理和解释–正态样本离群值的判断和处理 GB/T 4883—2008［S］. 北京：中国标准出版社，2008：11.

［19］ 全国统计方法应用标准化技术委员会. 数据的统计处理和解释–正态性检验 GB/T 4882—2001［S］. 北京：中国标准出版社，2001：7.